孟孟的好好用安心皂方

活用中藥、食材、香氛做手工皂，
45 款呵護肌膚的溫柔提案

加量升級版

手作專家 孟孟 —————— 著

推薦序

手工皂擠花達人　**天使媽媽**

記得初次見到孟孟時，我印象深刻的是，眼前這個女孩雖然嬌小像個精靈，卻拿著巨大的攪拌器，正活力十足的製作著有名的萬用洗衣膏。

更讓我佩服的是，這名小女子的耐力與渲染力竟如此強大，不但在社區大學一班又一班的開課，班班額滿，同時也在全台開課，是大受歡迎的手工皂講師；而且還深耕在地社區的發展，長期於教學單位引導學子們的就業方向。如此卓越的教學經驗及課堂魅力，深深吸引我這位豪女，與這位散發出仙女氣息的女子結下閨密情緣。

回想起孟孟在課堂中的熱情，與認真準備每一堂課的表情，我都記憶猶新，她是如此以認真的態度，勤懇的實踐著自我目標；更令我佩服的是她的教學精神，從屏東北上台北授課，從沒看她喊過一聲累，甚至始終保有樂觀喜樂的正能量，感染著身邊的人。

無論是成為招牌的手工皂深研配方、還是廣受喜愛的 DIY 保養品設計，每每累積好的配方與課程，孟孟總是毫不藏私的收錄在她的著作中，如實表現出她作品中溫暖樸實的一貫特質。而《孟孟的好好用安心皂方》這本書更是收納了孟孟的心血與多年教學經驗，很高興看見新版的問世，我非常樂意大力推薦這一本值得收藏的好書！

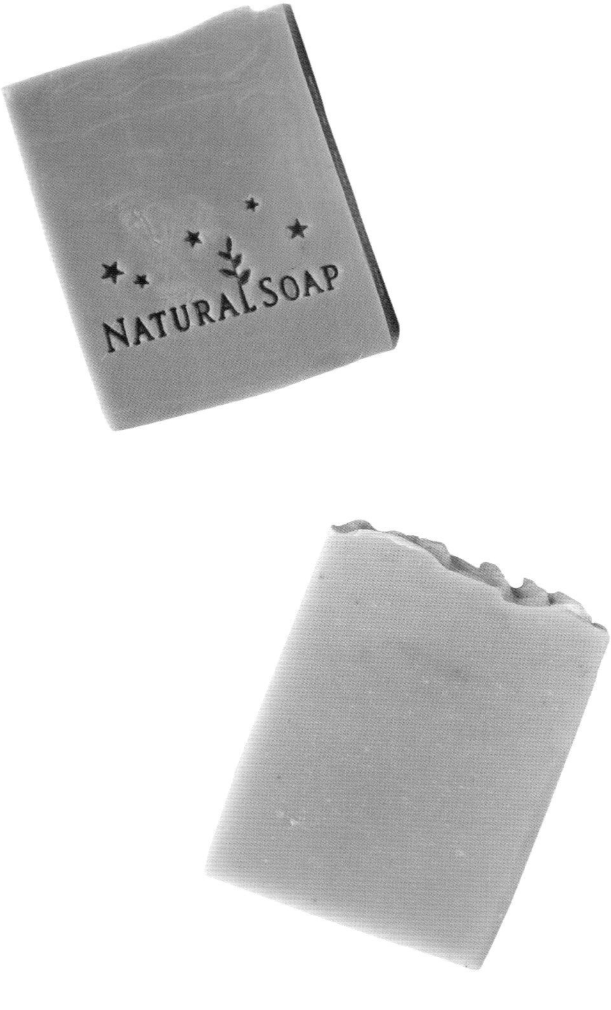
NATURAL SOAP

Contents

Part 1
學習概念與流程

Part 2
中藥養護皂

Part 3
樂活原料皂

Part 4
寶貝呵護皂

Part 5
香氛渲染皂

Part 6

生活手作保養品

HANDMADE SOAP
MENG MENG

作者序

滋潤的養分，清淡的香氣。

每一塊呵護熟成的手工皂，就像自己的心肝寶貝。

配方的運用，生活的創意，加上無可比擬的愛，

成就了自然純樸的手工皂。

手作的樂趣會令人上癮，何況是製作手工皂這樣的作品，更蘊藏著如一把大傘保護家人般的用心。每塊手工皂的出現，總會先想到最愛的家人，一心只想給自己和家人最好的。這樣的愛，是如此真實的呈現在手工皂中。

謝謝木馬文化與廣大朋友們對孟孟的支持，《孟孟的好好用安心皂方》於 2022 年完成加量升級的新版。溫潤的手工皂如呼吸一般，已經完全融入大家的生活，面對不同的需求，以及後疫情時代的來臨，也因此本次改版新添了 10 款皂品及保養品，讓手工皂更加貼近後疫情生活的需求。在新版中，除了保留原有油脂搭配與周邊素材的延伸運用，還特別因應大眾戴口罩後所產生的困擾，例如：痘痘與粉刺增長、肌膚悶熱以及油脂分泌更加旺盛等，新增更進一步的配方設計。

儘管手工皂不是具有療效的清潔用品，然而它的單純與樸實，與充斥化學物質的現代方便社會形成強烈的對比；天然冷製手工皂，相對比起市售的清潔用品確實更溫和，更不用擔心化學添加物在肌膚上的殘留。並且，手工皂的優勢在於含有豐富的天然植物養分，可提

HANDMADE SOAP
MENG MENG

供皮膚適當的清潔與滋潤，恢復肌膚正常的代謝功能，如此一來，肌膚問題自然而然就減少了。就讓這樣令人安心的樸實小物，在製皂的雙手中孕育而生吧。

謝謝母親帶我走進這樣真誠又充滿生活樂趣的手作世界，當我看到媽媽在社區學習課程中學到的第一塊家事皂時，心底已經知道，就是它了，即將成為我的最愛！手工皂，不僅可以排除現在便利社會中常見的化學物質的傷害，也能關心家人的生活健康，又能在製皂過程中，恣意快活的施展出不同的創意巧思，不是嗎？

也謝謝先生一路的支持與陪伴，每當我製作作品遇到困難、思緒困頓時，往往先生都能輕鬆給出不像答案的答案，就像打通一條充滿驚喜的創意步道。與其說母親帶我進入充滿樂趣又有創意的皂圈，不如說母親幫我打開了手作之門；而先生則是陪我走著手作之路，感謝我最愛的家人，讓我擁有如此平凡的純樸家庭日子，卻又如此不凡的幸福歡樂生活。

孟孟

NATURAL SOAP
Handmade Soap

HANDMADE SOAP

MENG
MENG

PART 1

學習概念
與流程

本書特色

接觸手工皂的緣由，不外乎是想要降低和市售清潔用品中化學合成物的接觸。再加上近年來大眾的環保意識抬頭，許多媽咪為了孩子，學習手工皂來代替市售的合成洗劑，也讓環保與健康意識進入更多人的生活與心中，從小扎根。

當學會了手工皂製作之後，許多人會開始思考，如何調整配方，讓手工皂更擁有獨特特色？如何進一步將配方延伸運用，發揮創意做成周邊作品？

本書中，除了發揮創意搭配生活中的安心食材，提供皂用材料的延伸運用，也增加了幾款較特殊的油品，以及半乳半水的技法運用，讓製皂過程中油品的調整更趨於溫和不刺激，不但能呵護寶貝肌膚，更能藉由技法與原料展現創意。尤其，COVID-19 於 2020 年初開始擴大感染，遮住口鼻的口罩於是成為每個人的防疫必備物品；當生活注重防疫，以口罩遮住半張臉部，也容易造成悶熱、流汗、毛孔粗大、粉刺痘痘滋生等問題，需更加注重肌膚的清潔與保養。於是，因應肌膚的不同需求做出更多不同的運用皂款，更能顯示出製作手工皂是一門具有情感溫度與生活智慧的手作藝術。

一・製作手工皂前的大小事

1. 入皂材料一：油脂

油脂的挑選，絕對能造就一塊肥皂的質感與個性，依照每種油品不同的特色與功能，以及適當的添加比例，就能做出令人滿意的配方作品。當然！一定要先抓住使用方向與整體調配比例，才能做出屬於自己的手工皂。

手工皂冷製皂的配方選擇，不外乎以**基礎油：椰子油、棕櫚油、橄欖油**為主，即使只有這三種基礎油品，也能製作出保濕力與修護度高的馬賽皂（配方比例：椰子油 10%、棕櫚油 18%、橄欖油 72%）。

但皂用油中不只有這三種油品，該怎麼搭配來製作出更適合自己與家人的配方呢？以下提供一些經驗想法與讀者們分享。

A. 了解各項油品性質與功效特色，適合添加的百分比

大部分油脂都有其適當的添加比例，比例越高，某種效果就越大，例如：椰子油代表清潔力，比例越高，清潔力越高，70% 以上的椰子油適合製作家事皂， 25% ～ 35% 則適合夏季或是油性肌膚的人使用。若使用對象是家中幼兒寶貝，肌膚需要呵護，或是使用季節是秋冬，肌膚變敏感了，那麼相對的椰子油的比例就必須降低，或是可使用更溫和、清潔力更低的棕櫚核仁油來代替椰子油。

1 常用搭配油品：甜杏仁油、榛果油、酪梨油、澳洲胡桃油、米糠油、小麥胚芽油、紅棕櫚油等

搭配油品是指除了三種基本油之外，可以適量搭配在配方中的油品。其中最好用的就是甜杏仁油、榛果油、酪梨油、澳洲胡桃油、米糠油，這幾款油品加起來比例可以從 10% 到 30% 不等，且不用怕比例高而造成油耗，因此使用這幾款的油品比例儘管通常比橄欖油要低一點，但也可以比橄欖油高。

我曾經做過**甜杏仁油（或榛果油）**馬賽皂的配方，比例是：椰子油 10%、棕櫚油 18%、甜杏仁油（或榛果油）72%，其成皂的穩定性與保存狀況也非常好。**酪梨油**也屬於滋潤型油品，需要保濕度高的乾性肌膚或是幼兒、小孩、長輩，比較適合酪梨油較高比例的配方。**澳洲胡桃油**與酪梨油的搭配，非常適合在秋冬的乾性與敏感性肌膚配方中使用喔！**米糠油**

則適合悶熱的季節，尤其戴口罩因悶熱流汗容易引起肌膚不適，在軟油搭配中適量添加（少於 10%）可達到清爽舒適的清潔感受。**小麥胚芽油**是一款油脂包覆性好，保濕力高的油品，很適合乾性與極乾性肌膚在配方中少量使用。當肌膚有較大、較明顯的傷口，或是膚質偏脆弱易受傷，**紅棕櫚油**則是可幫助修復又能提高皂體硬度的好選擇。

❷ 常用搭配脂類：乳油木果脂、可可脂、蜜蠟等（室溫型態為固態）

乳油木果脂和**可可脂**是實用性和搭配性都很棒的油品，以整體性質判斷，添加此油品還能提高皂體的硬度與使用時間，且保濕力與修護度都很好。以乳油木果脂為例：為了改善肌膚問題或是需要加強保濕與修護，通常會在配方中稍微提高乳油木果脂的比例。但是，也要依使用對象與使用季節有所區分，因為高比例的乳油木果脂在夏季對油性肌膚洗顏皂的使用者是一個負擔，這樣的季節與使用者建議搭配用量為 5% ～ 8%，加上適當的椰子油，不但可以達到臉部滋潤與保濕作用，又能達到清潔的效果，著實是設計配方的小小功課。

少量添加**蜜蠟**的優點是可以讓皂體延展性變好，蓋起皂章也乾淨俐落，但建議使用比例不宜超過 2%。蜜蠟需要與其他軟硬油加熱融解後再油鹼混合，油溫溫度降低容易皂化不完全，溫度高又會加速 trace，是一款不太好操作的脂類。

❸ 常見少量搭配油品：葡萄籽油、葵花油、芥花油、蓖麻油等

葡萄籽油、**葵花油**與**芥花油**這類亞油酸較高的油品，添加太多容易起油斑，且操作過程中 trace 速度會變慢，選擇配方搭配時建議先以 5% ～ 10% 來製作，使配方中具有其油脂功效，又能穩定操作流程。雖說葵花油滋潤又清爽，洗感優良，但若因為這兩項優點讓添加比例超過 20%，反而會讓皂體在晾皂或是保存過程中提高油耗的產生，降低成皂品質的穩定性，也是困擾的問題。

蓖麻油含有豐富又獨特的蓖麻油酸，適當的添加 5% ～ 10% 可以提高配方性質的起泡度與保濕度，但是比例太高，皂體容易黏稠，使用沒多久偏軟爛。

B. 油脂特色與性質說明

性質表中的油脂特性會依季節與製程時間有些許差異。

本書以五力性質為主，各項說明請詳見後文第 33 頁。

碘價是觀察皂體硬度的另一種參考值，主要是從油品中的飽和脂肪酸來判斷。若油品的飽和脂肪酸含量多，則碘價數值較低，使用其入皂的話，皂體的硬度與穩定性相對較高。

INS 值也是硬度的另一種參考值，每種油脂都有其 INS 值，高低不一。和碘價相反，INS 值愈高，皂的硬度就愈高。

椰子油
COCONUT OIL

氫氧化鈉皂化價	硬度	清潔力	保濕力	起泡度	穩定度	碘價	INS 值
0.19	79	67	10	67	12	10	258

- 基礎用油
- 起泡度高、清潔力高、硬度高
- 高比例的飽和脂肪酸，穩定度好，容易保存
- 比例高則清潔力強，一般沐浴皂以不超過 35% 為主
- 洗顏用、乾性與敏感肌，建議該油脂比例在 18% ～ 25%

 # 孟孟小分享

椰子油多，清潔力高。製作需要呵護的肌膚配方時，比例就要減少。油性肌、或是在需要偏高清潔力的配方中，可以將椰子油的比例稍微提高一點。

棕櫚油
PALM OIL

氫氧化鈉皂化價	硬度	清潔力	保濕力	起泡度	穩定度	碘價	INS 值
0.141	50	1	49	1	49	53	145

- 基礎用油
- 起泡度低、硬度高
- 常與椰子油搭配，是可以讓作品紮實，提高皂體硬度的油品
- 過高的比例會讓皂起泡度變差，建議不超過 35%

 # 孟孟小分享

在溫度低的天氣會呈現固體狀，需隔水加熱融解後，再混合其他油脂。配方中如果有偏軟的軟油，例如：葡萄籽油、芥花油、葵花油等，則建議與棕櫚油搭配，來提高皂體的硬度與紮實感。

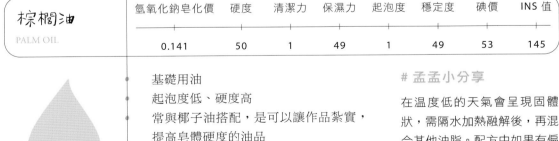

棕櫚核仁油
PALM KERNEL OIL

氫氧化鈉皂化價	硬度	清潔力	保濕力	起泡度	穩定度	碘價	INS 值
0.156	75	65	18	65	10	20	227

- 可代替椰子油、起泡度高
- 比椰子油溫和
- 需隔水加熱融解後再混合其他液體油脂

 # 孟孟小分享

清潔力與硬度都略少於椰子油，因此追求低清潔力時，可以用棕櫚核仁油代替椰子油，會相對降低清潔力與硬度喔！

紅棕櫚油
CAROTINO OIL

氫氧化鈉皂化價	硬度	清潔力	保濕力	起泡度	穩定度	碘價	INS 值
0.141	50	1	49	1	49	53	145

- 含豐富的胡蘿蔔素和維生素 E
- 具有優良的修護功效，可抗氧化、修復傷口，令肌膚細緻
- 適用於有面皰的油性肌
- 建議用量在 30% 以下

 # 孟孟小分享

做出來的皂體顏色是橘黃金色，但是會因為時間久而褪色，可以利用添加牛奶或是蜂蜜加以定色，但不代表就不會褪色喔！

橄欖油
OLIVE OIL

氫氧化鈉皂化價	硬度	清潔力	保濕力	起泡度	穩定度	碘價	INS 值
0.134	17	0	82	0	17	85	105

- 基礎用油
- 適合所有膚質
- 保濕度高、穩定性好、滲透性佳
- 搭配比例 10% ～ 100%
- 高比例的橄欖油適合乾性與敏感肌

 # 孟孟小分享

有極佳的保濕力與油脂包覆力，對於乾性肌是非常優良的油品。但是油性肌或是夏天使用配方時，搭配比例就不能過高，容易長痘痘。

米糠油
RICE BRAN OIL

氫氧化鈉皂化價	硬度	清潔力	保濕力	起泡度	穩定度	碘價	INS 值
0.128	26	1	74	1	25	100	87

- 保濕度高、穩定性好
- 有抗老、抗氧化美白功能
- 洗感清爽、舒適
- 可搭配洗髮皂配方，達到修護與柔軟髮絲的功能

 # 孟孟小分享

是夏天配方常搭配的油品，洗感清爽不油膩。適合乾性肌膚，特別是熟齡肌膚。

甜杏仁油
SWEET ALMOND OIL

氫氧化鈉皂化價	硬度	清潔力	保濕力	起泡度	穩定度	碘價	INS 值
0.136	7	0	89	0	7	99	97

- 適合所有膚質，是手工皂配方中不可或缺的油品，屬全方位基底油
- 高滲透性、親膚性，清爽不油膩，可快速被肌膚吸收
- 適合嬰幼兒、年長者、肌膚乾燥與脆弱、敏感肌

 # 孟孟小分享

含有較高的油酸，是一年四季都好搭配，穩定性又好的油品。擁有極佳的滲透性，單獨使用就是一款非常好的護膚油，能夠提供肌膚較長效的滋潤。搭配在手工皂油品中可以做出細緻的泡沫。

杏桃核仁油
APRICOT KERNAL OIL

氫氧化鈉皂化價	硬度	清潔力	保濕力	起泡度	穩定度	碘價	INS 值
0.1356	6	0	93	0	6	100	91

- 可滋養肌膚、改善暗沉膚色、恢復光澤，適合使用在潤膚基礎油中
- 保濕效果強，適合所有肌膚，特別是乾性與敏感肌
- 具有親膚性，但油性肌膚不適合比例太高

 # 孟孟小分享

脂肪酸結構跟甜杏仁油類似，搭配在手工皂中可使質感細緻，可以與甜杏仁油相互替換搭配，泡沫蓬鬆綿密，質地清爽。

芥花油
CANOLA OIL

氫氧化鈉皂化價	硬度	清潔力	保濕力	起泡度	穩定度	碘價	INS 值
0.1324	6	0	91	0	6	110	56

- 具有極佳保濕滋潤效果
- 泡沫多且穩定
- 成本低，卻可製作出保濕度高的成品
- 偏軟，建議與其他硬油搭配
- 比例高的話易起油斑，比例建議控制在 5% ～ 15%

 # 孟孟小分享

具有很高的保濕力與起泡度，適合中性與中偏乾的肌膚，配方中有添加此油品會讓質地偏軟，可以與其他硬油搭配。

酪梨油
AVOCADO OIL

氫氧化鈉皂化價	硬度	清潔力	保濕力	起泡度	穩定度	碘價	INS 值
0.133	22	0	70	0	22	86	99

- 溫和、營養成分高
- 含豐富維他命 A、D、E、卵磷脂，單元不飽和脂肪酸高
- 軟化肌膚深層清潔
- 強化肌膚彈性，鎮定和保護皮膚

 # 孟孟小分享

一般認為可改善乾性與曬傷肌膚。在潤膚油中添加使用，可加強肌膚的含水力。非常適合和芝麻油搭配，用於乾性與敏感性肌膚的配方中。

榛果油
HAZELUNT OIL

氫氧化鈉皂化價	硬度	清潔力	保濕力	起泡度	穩定度	碘價	INS 值
0.1356	8	0	85	0	8	97	94

- 有效防止水分流失，高保濕度，油脂穩定、清爽
- 礦物質含量多，可滲透至皮膚底層
- 延展性與滲透性好，可軟化肌膚
- 可抵抗日曬，修復受傷肌
- 適合敏感肌與嬰兒

 # 孟孟小分享

是多功能的優異油品，對於缺水肌膚可以考慮提高比例，可搭配小麥胚芽油、甜杏仁油、澳洲胡桃油。利用金盞花浸泡榛果油，可製作出使肌膚光滑細嫩的高貴配方。

蓖麻油
CASTOR OIL

氫氧化鈉皂化價	硬度	清潔力	保濕力	起泡度	穩定度	碘價	INS 值
0.1286	0	0	98	90	90	86	95

- 含有獨特的蓖麻油酸
- 修護肌膚效果優良，保濕度高
- 起泡度高，適當比例可讓皂體產生綿密的泡沫，洗感加分
- 比例不能太高，以免皂體過軟

 # 孟孟小分享

屬於搭配型的油品，適當的搭配 5% ～ 10%，可以讓一般沐浴皂款或是洗顏皂得到較高的保濕力與起泡度。

葡萄籽油
GRAPE SEED OIL

氫氧化鈉皂化價	硬度	清潔力	保濕力	起泡度	穩定度	碘價	INS 值
0.1265	12	0	88	0	12	131	66

- 含大量亞麻油酸與青花素，是預防皮膚老化最佳油品
- 保濕度好、清爽不油膩
- 抗氧化、吸收度優良
- 適合所有膚質，也適合油性肌配方中少量添加
- 比例不宜超過 20%，避免油斑快速產生

 # 孟孟小分享

適合加入夏天使用的配方，清爽又不油膩，容易吸收。質地偏軟，配方中若有此油品，建議與其他硬油一起搭配製作。

芝麻油
SESEAME OIL

氫氧化鈉皂化價	硬度	清潔力	保濕力	起泡度	穩定度	碘價	INS 值
0.133	15	0	83	0	15	110	81

- 含大量的必需脂肪酸與多元不飽和脂肪酸，可滋養、修復肌膚
- 保濕度佳、穩定性高
- 適合沐浴與洗髮配方
- 添加在洗髮皂中，可讓頭髮烏黑亮麗

 # 孟孟小分享

屬於清爽油品，在洗面皂與針對乾性肌的配方中，有滋養、潤膚與不黏膩的特性。

小白花籽油
MEADOWFOAM SEED OIL

氫氧化鈉皂化價	硬度	清潔力	保濕力	起泡度	穩定度	碘價	INS 值
0.121	2	0	98	0	2	92	77

- 具有維他命 E 與抗氧化功能，能形成肌膚保護膜
- 可柔嫩肌膚，適合用於脆弱肌膚
- 也適合用於頭髮

孟孟小分享

在敏感肌與過敏肌的適用配方中可以酌量添加。泡沫細小柔和，也能運用於洗髮皂配方中，對於柔細髮質有加強功效。

開心果油
PISTACHIO OIL

氫氧化鈉皂化價	硬度	清潔力	保濕力	起泡度	穩定度	碘價	INS 值
0.1328	12	0	88	0	12	95	92

- 對乾燥與粗糙肌膚具有極佳的修復性，且可抗老化
- 清爽不油膩，適合製作洗髮皂與洗顏皂，但起泡度低
- 容易氧化，油品開封後須放入冰箱中冷藏保存

孟孟小分享

屬於搭配型的油品，入皂偏軟，比例不宜太高，建議比例為 3% ～ 10%，甚至可用超脂技法添加 1.5% ～ 2%。常用在潤膚油的搭配中， 添加比例 10% 效果最好。

澳洲胡桃油
MACADAMIA NUT OIL

氫氧化鈉皂化價	硬度	清潔力	保濕力	起泡度	穩定度	碘價	INS 值
0.139	14	0	61	0	14	76	119

- 適合秋冬與乾燥肌膚的油品
- 抗老化、皮膚吸收速度快
- 油脂成分類似人類肌膚、延展性好
- 穩定不刺激、保濕效果好
- 無泡沫，可搭配蓖麻油增加起泡度
- 不建議高比例配方

孟孟小分享

含有 20% 棕櫚油酸和 2% 烯酸。少有植物油具如此高比例的棕櫚油酸，能延緩皮膚及細胞的老化。可藉由此款油品的添加，讓肌膚吸收隨著年紀增長而越來越少的棕櫚油酸。

玫瑰果油 ROSEHIP OIL

氫氧化鈉皂化價	硬度	清潔力	保濕力	起泡度	穩定度	碘價	INS 值
0.1378	6	0	89	0	6	188	10

- 適合各種肌膚
- 可促進組織再生、消除疤痕，具修護、防皺效果
- 能淡化黑色素，具美白功效
- 容易氧化，油品開封後須放入冰箱中冷藏保存

 # 孟孟小分享

在手工皂配方中添加此款油品，建議比例不超過 10%。可單獨使用，尤其適合搭配保養品，有效淡化臉部細紋與皺紋；若使用在潤膚油中，建議不超過 10%。

摩洛哥堅果油 ARGAN OIL

氫氧化鈉皂化價	硬度	清潔力	保濕力	起泡度	穩定度	碘價	INS 值
0.136	15	1	81	1	14	95	95

- 含豐富不飽和脂肪酸，包括亞油酸、Omega-3 和 Omega-9
- 可改善乾燥、抗老化、去除皺紋
- 分子較小容易吸收，具再生、滋養與修護功能

 # 孟孟小分享

妙用之一是防止頭髮毛躁分岔、修復受損髮質，單純使用此油品塗抹在髮尾，稍加熱敷，能令髮絲光滑柔順。敏感頭皮也能用一些本油品按摩頭皮，有舒緩效果。

小麥胚芽油 WHEAT GERM OIL

氫氧化鈉皂化價	硬度	清潔力	保濕力	起泡度	穩定度	碘價	INS 值
0.131	19	0	75	0	19	128	58

- 天然抗氧化劑、安定劑
- 含有大量的卵磷脂
- 適合乾性、老化與問題肌膚
- 保濕度好，可修復、活絡肌膚
- 維持肌膚組織健康

 # 孟孟小分享

屬於搭配型的油品，質感厚重黏膩，油性肌膚配方中雖可使用，但比例建議控制在 7% 以下。適合製作秋冬、乾燥、寒冷季節的手工皂，洗感則偏清爽，能增加皂的保濕度。

荷荷芭油
JOJOBA OIL

氫氧化鈉皂化價	硬度	清潔力	保濕力	起泡度	穩定度	碘價	INS 值
0.069	0	0	12	0	0	83	11

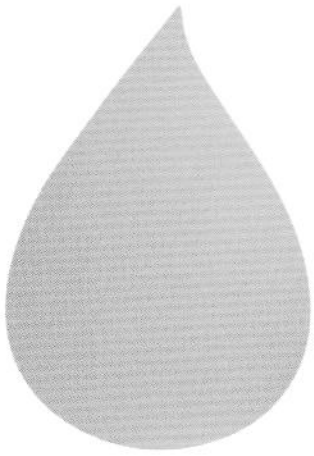

- 具有控制油脂分泌的特色
- 抗發炎、抗氧化、抗紫外線
- 成分接近人類皮膚油脂
- 泡沫穩定，適合製作洗髮皂

 # 孟孟小分享

是很特殊的液體植物蠟，少量添加時有助於改善油性皮膚油脂分泌的困擾，痘痘肌膚也適合。能夠在肌膚上形成一層保濕薄膜，卻不會悶熱無法透氣呼吸。

苦楝油
NEEM OIL

氫氧化鈉皂化價	硬度	清潔力	保濕力	起泡度	穩定度	碘價	INS 值
0.1387	39	2	58	2	37	72	211

- 抗菌、抗消炎
- 可止癢、舒緩皮膚的不適
- 若油脂有沉澱，使用前先加熱融解為佳

 # 孟孟小分享

具強效的抗微生物活性與殺蟲效果，因此常製作寵物皂與防蟲噴霧。其味道特殊，添加量若不多，可以用精油搭配掩蓋。

可可脂
COCOA BUTTER

氫氧化鈉皂化價	硬度	清潔力	保濕力	起泡度	穩定度	碘價	INS 值
0.137	61	0	38	0	61	37	157

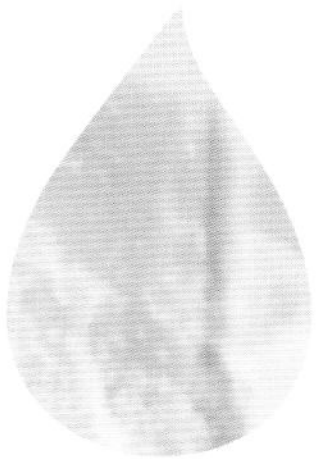

- 修護、抗炎、保濕度佳
- 可加強皂體硬度
- 適合乾性與敏感性肌膚
- 需隔水加熱融解，再混合其他液體油脂
- 油脂較厚，不易被肌膚吸收，需搭配不飽和脂肪酸高的油品使用

 # 孟孟小分享

飽和脂肪酸高，安定性好，我個人喜愛使用未精製可可脂，非常適合乾性與敏感性肌膚的用油搭配，能在皮膚上生成薄薄保護膜。

乳油木果脂
SHEA BUTTER

氫氧化鈉皂化價	硬度	清潔力	保濕力	起泡度	穩定度	碘價	INS 值
0.128	45	0	54	0	45	59	116

- 高效保濕滋潤、軟化肌膚
- 可吸收紫外線達防曬功能，抗老化與皺紋
- 適合嬰幼兒與年長者配方，也適合中乾性、敏感性肌膚
- 質感較硬，需加熱融解後再混合其他液體油脂

 # 孟孟小分享

夏天油性肌膚的配方建議比例不要超過 6%，以免有厚重感。對於乾性肌膚可發揮很棒的修護與肌膚癒合效果，是手工皂油脂中的高級原料之一。

乳油木果油
SHEA OIL

氫氧化鈉皂化價	硬度	清潔力	保濕力	起泡度	穩定度	碘價	INS 值
0.133	16	0	84	0	16	83	102

- 為精製後的妝品，屬於軟油，更適合直接塗抹於肌膚上
- 滋潤度高，修護性好
- 運用於手工皂配方中也能加強硬度

 # 孟孟小分享

乳油木果油可以用來製作更多清爽的保養品與膏類，塗抹於肌膚上也不會有悶熱感，很適合在夏季配方中進行少量（5% ～ 7%）添加，以加強肌膚修護與微量保濕。

葵花油
SUNFLOWER OIL

氫氧化鈉皂化價	硬度	清潔力	保濕力	起泡度	穩定度	碘價	INS 值
0.134	11	0	87	0	11	133	63

- 質感細緻，可改善濕疹
- 防止肌膚老化，可重建與保護細胞
- 適合乾燥肌膚
- 建議搭配其他硬油為佳

 # 孟孟小分享

是非常適合乾性肌膚配方的搭配型油品，會讓肌膚光滑有彈性。適當比例下也適合油性肌膚使用，若添加太多皂體容易起油斑，縮短保存期限。

山茶花油
CAMELLIA OIL

氫氧化鈉皂化價	硬度	清潔力	保濕力	起泡度	穩定度	碘價	INS 值
0.1362	11	0	85	0	11	78	115

- 含豐富葉綠素與茶多酚
- 促進肌膚新陳代謝，減少皺紋產生
- 護髮功效優越，也能滋潤頭皮
- 泡沫少，保濕力高，洗感清爽

 # 孟孟小分享

屬於偏軟的特色油脂，使用在手工皂配方中，既滋潤且不油膩，又不會阻塞毛孔，容易滲透皮膚，增加肌膚彈性，可製作出清爽又滋潤的手工皂。

蜜蠟
BEESWAX

氫氧化鈉皂化價	硬度	清潔力	保濕力	起泡度	穩定度	碘價	INS 值
0.069	90	0	50	0	50	10	84

- 由蜜蜂腹部分泌出來的脂肪性物質
- 熔點高，是護唇膏、自製膏品必備材料之一
- 對於皂體無硬度貢獻，少量添加在手工皂中可提高皂體保存期限

 # 孟孟小分享

添加在手工皂中的比例以 5% 為上限，少量添加 1% ～ 2% 可以讓皂體較硬，質感較 Q，蓋起皂章也適合。但不建議超過 5%，以免造成假皂化現象而增加失敗率。

鴯鶓油
EMU OIL

氫氧化鈉皂化價	硬度	清潔力	保濕力	起泡度	穩定度	碘價	INS 值
0.139	32	0	55	0	32	60	128

- 本書使用妝品級鴯鶓油，適合直接使用於肌膚上
- 雖是動物油，但分子較小，滲透性好
- 保濕力強，特別適合乾燥肌與有傷口的肌膚

 # 孟孟小分享

價格高，會增加成本。若想擁有其功效，又想降低成本，推薦與乳油木果脂或乳油木果油做搭配，比例建議如下：乳油木果脂／果油 10% ＋妝品級鴯鶓油 10%，可製作出保濕與修護度更好的配方。

月桂果油

LAUREL FRUIT OIL

氫氧化鈉皂化價	硬度	清潔力	保濕力	起泡度	穩定度	碘價	INS 值
0.14	46	26	58	26	16	74	124

- 單價高，具有抗菌與保濕的功效
- 改善脂漏性與異位性皮膚炎的著名用油
- 可運用於皮膚炎相關配方，例如濕疹與汗疹
- 油脂味道濃郁，建議搭配精油，以平衡成皂後的香氣

 # 孟孟小分享

具有微量清潔力，使用比例越高清潔力就越高，在配方中也不建議特別提高。萬一需與椰子油搭配，可以選擇將椰子油更換為棕櫚核仁油，既可降低清潔力，也不致影響硬度。

2. 入皂材料二：精油

質感優雅的手工皂，帶著淡淡的香氛，接受度隨即升高。現在製作手工皂的風氣中，精油已經是不可或缺的必須添加物之一；雖說手工皂的製作初衷還是以清潔為主要訴求，但給予賦香功能後，確實可以讓手工皂有更上一層樓的價值。

可參考下方適合調和的精油，但不必拘泥；也可以依照個人喜歡的香味、強弱，調整出最愛、最適合自己的香氛。

氣味強弱：

弱　中　強

羅勒

BASIL

- **適合調和的精油**

薰衣草、馬鬱蘭、佛手柑、檀香

- **相關功效**

適合油性肌膚，可清除粉刺、殺蟲、抗菌、穩定情緒、集中注意力

甜橙

ORANGE SWEET

- **適合調和的精油**

薰衣草、苦橙葉、玫瑰天竺葵

- **相關功效**

改善乾燥肌膚、消除疲勞、抗皺、抗憂鬱、舒緩緊張情緒

醒目薰衣草

LAVANDIN ABRIALIS

- **適合調和的精油**

甜橙、香茅、檸檬、玫瑰天竺葵、快樂鼠尾草

- **相關功效**

促進呼吸順暢、促進皮膚傷口癒合、抗憂鬱

茶樹

TEA TREE

- **適合調和的精油**

薰衣草、迷迭香、尤加利、檸檬、廣藿香

- **相關功效**

強效抗菌、恢復活力、抗菌、抗病毒、預防蚊蟲叮咬、淨化肌膚

佛手柑
BERGAMOT

- **適合調和的精油**

薰衣草、檸檬、廣藿香、尤加利、玫瑰天竺葵、檸檬香茅、橙花

- **相關功效**

除臭、抗菌，對粉刺、皮膚炎具有功效。適合用在油性肌膚配方中

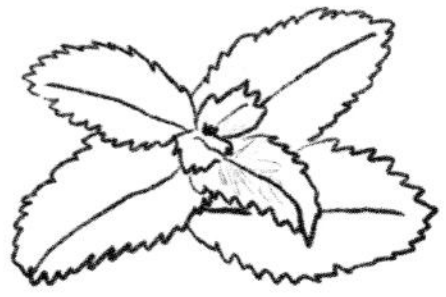

薄荷
PEPPERMINT

- **適合調和的精油**

薰衣草、迷迭香、安息香、雪松、茶樹

- **相關功效**

改善濕疹、清除粉刺、清涼、減輕疼痛、安撫肌肉痠痛、提神醒腦

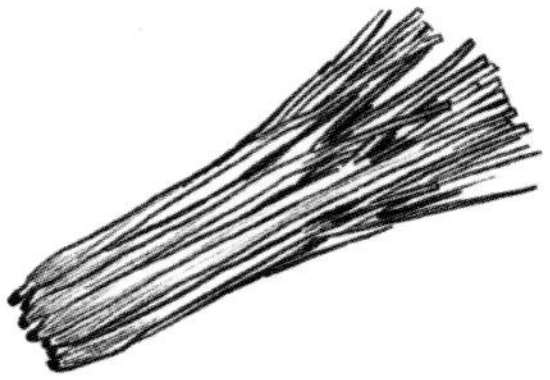

檸檬香茅
LEMONGRASS

- **適合調和的精油**

薰衣草、羅勒、迷迭香、茶樹、雪松

- **相關功效**

消除疲勞、調節肌膚、清除粉刺、抗菌、減輕疼痛。適合用在油性肌膚配方中

尤加利
EUCALYPTUS

- **適合調和的精油**

薰衣草、檸檬香茅、檸檬

- **相關功效**

促進肌膚組織恢復、減輕發炎、預防細菌孳生

檸檬
LEMON

- **適合調和的精油**

玫瑰、依蘭、乳香、尤加利、薰衣草、安息香

- **相關功效**

消毒抗菌、收斂肌膚、消除氣味、清新空氣。適合用在油性肌膚與洗髮皂配方中

葡萄柚
GRAPEFRUIT

- **適合調和的精油**

薰衣草、香茅、羅勒

- **相關功效**

平衡中樞神經、抗沮喪、抗菌、激勵心神、消水腫

山雞椒
LITSEA CUBEBA

- **適合調和的精油**

馬鞭草、薰衣草、苦橙葉、甜橙、迷迭香、羅勒

- **相關功效**

殺菌、殺蟲、刺激消化、收斂肌膚。可用在油性配方和洗髮皂中，有平衡膚質的功效

百里香
THYME

- **適合調和的精油**

迷迭香、茶樹、檸檬、雪松、佛手柑

- **相關功效**

撫慰心靈、提振情緒、控制細菌蔓延。改善頭皮屑、減少掉髮。

△ 刺激性高，孕婦禁用

快樂鼠尾草
CLARY SAGE

- **適合調和的精油**

薰衣草、葡萄柚、佛手柑、檀香

- **相關功效**

幫助肌肉舒展、放鬆精神、提供活力、抗沮喪、抗菌、抑制分泌旺盛皮膚。適合用在油性肌膚與洗髮皂配方中

苦橙葉
PETITGRAIN

- **適合調和的精油**

迷迭香、薰衣草、甜橙、檀香、依蘭、玫瑰天竺葵

- **相關功效**

清除粉刺、消除痘痘、除臭、保持身體活力、安撫恐慌情緒、鎮靜。適合用在油性肌膚配方中

玫瑰天竺葵
PELARGONEUM ROSEUM

- **適合調和的精油**

薰衣草、迷迭香、苦橙葉、橙花、羅勒、佛手柑

- **相關功效**

安撫焦慮情緒、恢復心理平衡、紓解壓力、促進血液循環、平衡油脂分泌

花梨木
ROSEWOOD

- **適合調和的精油**

苦橙葉、廣藿香、迷迭香、玫瑰天竺葵、薰衣草

- **相關功效**

穩定中樞神經、提振精神、抗菌、止痛、除臭、改善乾燥敏感肌、滋潤肌膚、抗皺、延緩老化

真正薰衣草
LAVANDULA ANGUSTIFOLIA

- **適合調和的精油**

廣藿香、迷迭香、檸檬、快樂鼠尾草、苦橙葉、薄荷

- **相關功效**

淨化空氣、改善失眠、安撫心境、鎮定肌膚、安定神經

迷迭香
ROSEMARY

- **適合調和的精油**

乳香、薰衣草、薄荷、甜橙、檸檬香茅

- **相關功效**

改善頭皮屑、減輕腫脹肌膚、止痛、抗菌、提振興奮、抗憂鬱、幫助消化

馬鬱蘭
MARJORAM

- **適合調和的精油**

薰衣草、迷迭香、雪松、洋甘菊、甜橙

- **相關功效**

止痛、降血壓、抗菌、抗痙攣、安撫神經系統、舒緩焦慮心情、改善頭痛

羅馬洋甘菊
ANTHEMIS NOBILIS

- **適合調和的精油**

薰衣草、廣藿香、佛手柑、馬鬱蘭、玫瑰天竺葵

- **相關功效**

殺菌、淨化皮膚、改善濕疹及過敏、止痛、止癢

乳香
FRANKINCENSE

• 適合調和的精油

薰衣草、香蜂草、羅勒、玫瑰天竺葵

• 相關功效

平衡油性肌膚、撫平皺紋、促進細胞活化、安撫情緒

依蘭
YLANG- YLANG

• 適合調和的精油

薰衣草、廣藿香、檸檬、甜橙、花梨木

• 相關功效

抗憂鬱、催情、鎮靜、舒緩焦慮情緒、刺激頭皮、促進髮根新生

雪松
CEDARWOOD

• 適合調和的精油

檸檬、薰衣草、迷迭香、佛手柑、 安息香

• 相關功效

消炎抗菌、安撫緊張與焦慮情緒。適合用在油性肌膚與洗髮皂配方中

安息香
BENZOIN

• 適合調和的精油

薰衣草、苦橙葉、乳香、檸檬、甜橙

• 相關功效

使皮膚恢復彈性、刺激毛髮生長、清除頭皮屑、安撫肌膚發炎症狀、平靜心靈、抗菌、消炎

廣藿香
PATCHOULI

• 適合調和的精油

薰衣草、橙花、快樂鼠尾草、佛手柑、檀香

• 相關功效

促進肌膚再生、改善粗糙肌膚、抗菌、驅蟲、改善粉刺與濕疹、令思緒清醒

二、設計配方的思考與計算教學

1. 設計配方的基本思考

❶ 確定最主要的使用目的與使用方向

準確了解使用者的需求，如：使用者年齡、性別、膚質、使用部位（臉部、身體或頭部）、使用季節，依此調整配方和比例。

❷ 硬油與軟油比例

先列出椰子油和棕櫚油（硬油）比例，再寫入軟油比例，完成初步配方藍圖。

❸ 針對膚質再配合油品性質特色，達到使用者最佳使用效果與需求

膚質	適合的油品
油性肌	椰子油、葡萄籽油等
中性肌	米糠油、葡萄籽油、芥花油、甜杏仁油、澳洲胡桃油、小麥胚芽油等
乾性肌	甜杏仁油、榛果油、酪梨油、乳油木果脂、可可脂、橄欖油等
敏感肌	甜杏仁油、榛果油、乳油木果脂（以溫和型油品為基底，清潔力不能高）

❹ 檢視配方

1. 先寫出想要搭配的油品百分比
2. 再輸入計算，參考網址 Google 搜尋：SoapCalc（www.soapcalc.net/calc/soapcalcWP.asp）

依照輸入的油品與比例，計算出五力性質的數值。每種性質都有其建議範圍， 可依照建議範圍大略判斷出此款配方的使用方向與適用範圍。

五力性質	建議範圍	使用方向
硬度 Hardness	**29 ～ 54**	代表肥皂皂體的軟硬度，數字越高則皂體越硬
清潔力 Cleansing	**12 ～ 22**	代表肥皂配方中的清潔力，數字越高則清潔力越高
保濕力 Condition	**44 ～ 69**	代表肥皂配方中的保濕力，數字越高則保濕力越好
起泡度 Bubbly	**14 ～ 46**	代表清潔過程中泡沫的起泡狀況，數字越高則起泡度越好
穩定度 Creamy	**16 ～ 48**	代表皂體整體的穩定度，數字越高則穩定度越好

2. 配方中的油脂、氫氧化鈉、水量、添加物計算教學

❶ 分別先算出每款油脂所需的公克數

＊例一

若製作總油量 ＝ 500g，則：

椰子油 ＝ 500g × 23% ＝ 115g

棕櫚油 ＝ 500g × 18% ＝ 90g

橄欖油 ＝ 500g × 35% ＝ 175g

甜杏仁油 ＝ 500g × 19% ＝ 95g

蓖麻油 ＝ 500g × 5% ＝ 25g

❷ 算出配方中氫氧化鈉所需的公克數

每款油品的「皂化價」都不盡相同。「皂化價」所代表的意思是：該一公克的油脂，所需要的氫氧化鈉的重量。已經算出一個配方中每款油品的重量後，查詢每款油品氫氧化鈉的皂化價：

＊ 例 ——

椰子油的皂化價 ＝ 0.19

代表：1g 的椰子油需要 0.19g 的氫氧化鈉。

而配方中椰子油為 115g，

則需要 115g × 0.19 ＝ 21.85g 的氫氧化鈉

＊ 依此類推 ——

棕櫚油 ＝ 90g × 0.141 ＝ 12.69 g

橄欖油 ＝ 175g × 0.134 ＝ 23.45 g

甜杏仁油 ＝ 95g × 0.136 ＝ 12.92 g

蓖麻油 ＝ 25g × 0.1286 ＝ 3.215 g

＊ 氫氧化鈉共需 —— 21.85g + 12.69g + 23.45 g + 12.92 g + 3.215 g ＝ 74.125g

四捨五入＝ 74g

❸ 計算水量與思考

每款配方中所需要的水量是由氫氧化鈉推算出來的：

水量公式 ＝ 氫氧化鈉 × 2.4 倍 ＝ 74 g × 2.4 ＝ 177.6g

四捨五入 ＝ 178g

好玩的半乳半水延伸玩法

書中有幾款鹼水製作方式，是由半乳半水的概念來做延伸創意。

以上述配方為例：全水量經過計算為 178g，178g ÷ 2 ＝ 89g。

先用 89g 製作鹼水，剩下 89g 也同樣需要補足原配方的水量。所以在剛剛第一次 89g + 74g 製成的鹼水， 等待第一次的鹼水降溫後，再把剩下 89g 應該要補足的水量放到第一次的鹼水中，再次等待降溫，完成配方中應有的鹼水。

這種半乳半水的做法，可以運用在許多煮成汁或打成汁的作品中，優點是可以增加許多不同的樂趣，也能提高作品的成功率。

❹ 精油所需公克數為總油量的 2%~3%

精油公克數 = 500g × 2% = 10g，精油公克數 = 500g × 3% = 15g

本書中皂方所使用的精油量，多以 12g 左右為主。

❺ 療癒又有趣的添加物

在這裡，把常見與常用的食材和香草入皂做法製作成表格如下，以便清楚看到最恰當的入皂方式：

榨汁	水煮	泥狀	蒸熟	粉末、糖蜜	浸泡油
• 左手香 • 魚腥草 • 金銀花 • 薄荷 • 胡蘿蔔 • 小黃瓜 • 蘆薈 • 蘋果 • 菠菜	• 肉桂葉 • 香茅 • 迷迭香 • 金銀花 • 玫瑰 • 金盞花 • 柑橘類皮	• 左手香 • 金銀花 • 魚腥草 • 薄荷 • 金銀花 • 金盞花 • 豆腐 • 蘆薈泥 • 香蕉	• 南瓜 • 地瓜	• 咖啡渣 • 綠茶粉 • 可可粉 • 植物粉類 • 中藥粉類 • 黑糖 • 蜂蜜	• 乾燥花草 （凡是乾燥花草都可以浸泡）

榨汁	水煮、泥狀、蒸熟	粉末、糖蜜	浸泡油
↓ 入皂方式	↓ 入皂方式（後加）	↓ 入皂方式（後加）	↓ 入皂方式
榨汁後過濾，**取其汁液低溫融鹼**	榨汁或是泥狀物取適當添加量，**light trace 後直接添加於皂液中**	可**先倒出 100 ～ 150g 皂液在量杯中與添加物攪拌均勻**，再倒回原鍋皂液中拌勻 Ⓐ 粉類直接灑入皂液中 Ⓑ 黑糖和蜂蜜可和一點水攪勻再倒入皂液	使用其浸泡的油脂，取**適當的比例**為配方打皂

三・如何變化油品

每每拿到一個配方，學會製作後，可能就會想加以運用，或是新增創意發想出不同的油品變化。在發揮個人創意，滿足各別使用需求的同時，該維持的原則有哪些？可以改變的又有哪些？或是，可以另外添加什麼呢？在此為讀者們做概念邏輯的介紹。

1. 了解油品特色

每款油品都有其特色，用簡單的概念來說，椰子油代表硬度與清潔力、棕櫚油代表硬度、橄欖油可以滋潤肌膚、甜杏仁油一年四季適合任何肌膚。必須先對油品有基本的認識與了解，才能針對使用者的需求活用自如。在以下認識油脂的章節中，會先帶各位了解各項油品對肌膚的功效。另外，還會多做一些小分享，這些細節是源自孟孟在教學過程中常與學員分享的心得，也能做為配方運用的參考。當然，對每款油脂的性質範圍也必須有概念，這樣在設計配方時，就可以較精確設計出使用者的需求皂款。

範例說明 ❶ 椰子油與棕櫚油的不同

基本概念

椰子油代表硬度與清潔力、棕櫚油代表硬度。請參考下方兩者油品的簡單性質比較，更能清楚了解其中的特性。

椰子油		棕櫚油	
硬度	79 勝	硬度	50
清潔力	67 勝	清潔力	1
保濕力	10	保濕力	49
起泡度	67 勝	起泡度	1

運用說明

從表格中得知，椰子油的清潔力、硬度與起泡度都優於棕櫚油，而棕櫚油的特色是硬度比一般軟油較高，卻不會讓清潔力提高。因此在手工皂配方中，棕櫚油往往是搭配椰子油，提高皂體硬度的重要油品之一喔！

範例說明 ❷ 橄欖油與甜杏仁油的不同

基本概念

橄欖油與甜杏仁油都是手工皂配方中常會互相搭配，甚至一起出現的油品，這兩款油品最主要差異在於各別特色、保濕力與肌膚的適用性。

橄欖油

硬度	17
清潔力	0
保濕力	82
起泡度	0

甜杏仁油

硬度	7
清潔力	0
保濕力	89 勝
起泡度	0

運用說明

橄欖油與甜杏仁油兩者一起出現在配方中，確實可以提高整體性質的保濕力，但是，橄欖油在夏季配方中需要稍微降低百分比。原因在於橄欖油的包覆性比較好，所以若夏天使用比例偏高的橄欖油配方，油性肌膚者尤其容易感到黏膩悶熱。此時最好是降低比例，補上清爽性質的油品，或是更換成相似的適合油品——甜杏仁油，它是一年四季任何肌膚都適合的油品，具有相當好的親膚性，高比例也不會有黏膩感，且滲透肌膚的速度佳。因此，這兩款油品不僅可以依照需求和季節互換，還能互補。

2. 常用油品搭配的注意事項

這部分大多出現在軟油交互補替、搭配的運用情況：當缺少某種油品的時候，可以或適合用哪種油品補上來？這時候就要區分特性，例如：葡萄籽油屬於清爽的油品，比例不宜太高以避免油斑；甜杏仁油親膚滋潤卻不黏膩，可以有高比例而皂體穩定，因此，這兩種油可以一起搭配，有著清爽不黏膩的洗感。

範例說明 ❶ 酪梨油與芥花油的搭配差異

基本概念

兩者油品都是滋潤度高的油品，單視性質則芥花油的保濕力勝出，實際上酪梨油也不輸芥花油喔！兩者差異在於芥花油比酪梨油有較高的油酸與保濕度，而酪梨油則有芥花油沒有的肌膚修護功效。

酪梨油

硬度	22
清潔力	0
保濕力	70
起泡度	0

芥花油

硬度	6
清潔力	0
保濕力	91 勝
起泡度	0

運用說明

雖然兩者都是高滋潤度的油品，若以搭配運用而言，芥花油偏軟，較適合搭配放在硬度較高的皂體中，是一款適合當作配角酌量添加的油品，間接拉高保濕力；且建議比例不要過高，以免因油酸高而容易起油斑。但是酪梨油就不同了，它不但具有修復肌膚、促進肌膚再生的功能，更能深層潔淨皮膚，且用量比例可以比芥花油高一些也不用擔心油斑。例如，酪梨油和芥花油共占 30% 時，除了可以單純使用酪梨油 30%，也可以適量調節成酪梨油 15%、芥花油 15%，但不適合單純 30% 都是芥花油。

範例說明 ❷ 山茶花油與澳洲胡桃油的搭配運用

基本概念

這兩款是比較偏向搭配型的油品，不像基礎用油的比例那麼高。除非是特殊需求皂款，大部分兩款油的保守比例都在 10% ～ 20%。

山茶花油

硬度	11
清潔力	0
保濕力	85 勝
起泡度	0

澳洲胡桃油

硬度	14
清潔力	0
保濕力	61
起泡度	0

運用說明

這兩種油各有其特色，以整體運用的比例而言，山茶花油可以在夏季完全代替橄欖油的比例；沒有橄欖油的黏膩感，洗感卻很接近，泡沫小而綿密，是可以高比例的搭配。反觀澳洲胡桃油是一款適合秋冬使用的油品，適合乾性與過敏肌膚，但當添加比例超過 15%，皂液 trace 會變慢。也可以用山茶花油完全代替澳洲胡桃油，不影響操作速度，但成本當然會提高。若用澳洲胡桃油全部代替其他用油而超過 15%，會適合更脆弱的膚質，唯一缺點就是操作時間會變長。

3. 編寫新配方教學

每次修改配方或是重新設計一款配方時，要考量的層面其實相當廣，例如：使用的季節、油品原料的選擇、適用的部位等等。以下列出思考步驟，來學習如何設計出一款配方。

配方思考步驟

1. 預計使用**季節**
2. 使用者**年齡**、**性別**與**膚質**
3. 可能**使用部位**，例如：沐浴、洗臉或洗髮
4. 先依序列出**硬油比例**：代表清潔力與硬度的椰子油與棕櫚油
5. 是否有**不適合高比例的油品**出現，若有，先固定下來，例如：葡萄籽油 10% 左右、蓖麻油 5% ～ 8%、澳洲胡桃油 15% 左右
6. 挑選 1 ～ 2 款**可以做高比例的基礎油**，例如：橄欖油、甜杏仁油、榛果油等
7. 以**五力**性質檢視、確認需求，做最後修正與調整
8. **定案**

依序對照上述的需求，以 **30 歲女性，上班族，乾性肌膚，秋季，沐浴功能**為例，試試看！逐一列出可行的油品與使用比例後，再做最後的修正。

1. 秋季
2. 年輕上班族、女性，臉部肌膚偏乾
3. 沐浴為主
4. 秋季氣候乾燥，不建議太高的椰子油，先配椰子油 20% ＋ 棕櫚油 20%
5. 澳洲胡桃油是很適合製作秋季的配方，但是它的起泡度差，所以也把蓖麻油一起做搭配增加起泡度：澳洲胡桃油 15% ＋ 蓖麻油 8%

6 剩下 37% 可以放哪些油品呢？想要放多一點的甜杏仁油可以嗎？

> 可以！甜杏仁油 30%，那剩下的 7% 可以搭配哪一款油呢？秋季再來就是冬季了，剩下的 7% 我會選擇用乳油木果脂，對肌膚有很不錯的修護與滋潤功效，同時又可提高硬度，可避免使用到一半就軟爛的窘境，是一舉多得的好油。

7 再次檢視性質與思考使用者在使用季節的適用性，無誤後就清楚列出配方：

配方比例

使用油脂	百分比
椰子油	20%
棕櫚油	20%
甜杏仁油	30%
澳洲胡桃油	15%
蓖麻油	8%
乳油木果脂	7%

性質表

性質	數值
硬度	33
清潔力	14
保濕力	59
起泡度	21
穩定度	27
碘價	65
INS 值	143

參考網址：

http：//soapcalc.net/calc/soapcalcWP.asp

8 定案

四・製皂工具

❶ 不鏽鋼鍋（一大一小）：大的不鏽鋼鍋是用來裝配方油脂，小的不鏽鋼鍋是用來裝鹼水。使用不鏽鋼工具才能確保安全喔！

❷ 不鏽鋼杯、碗：用來裝盛氫氧化鈉。氫氧化鈉是強鹼，或是可以選擇耐熱量杯，杯內需要保持乾燥，避免潮濕。（書中鹼水照片使用玻璃量杯裝盛，是為了可以讓讀者更清楚看見鹼水變化，製皂時選擇不鏽鋼鍋具更佳）。

❸ 不鏽鋼長柄湯匙：用來攪拌鹼水，長度大約 20 公分以上較為安全。

❹ 打蛋器：用來攪拌皂液，除了握把之外，其餘部分需選擇不鏽鋼材質。

❺ 刮刀：當皂液入模後，用來把鍋邊的剩餘皂液刮乾淨，較不浪費。

6 **耐熱量杯 500cc 數個**：放少量皂液時使用，最常用在調製不同顏色皂液時，選擇尖嘴量杯最佳。

7 **簡易電子秤**：一般廚房用最小單位 1g，用來秤量氫氧化鈉、水量、皂液、油量。

8 **皂模**：裝盛皂液用的模型。市面上有許多各式各樣不同造型的皂模款式，讓手工皂的外形更具有吸引力，其中以矽膠模為目前操作中最好脫模的一款。

9 **溫度計**：用來測量鹼水與油脂的溫度。

10 **圍裙**：穿戴身上，避免鹼水、皂液噴濺到衣服上，為自己做好保護措施。

11 **手套、口罩**：在手工皂製作過程當中，一定要做好安全防護措施，避免手和肌膚碰觸到皂液或鹼水。

五・基本製皂流程

STEP 1 準備好所有材料與工具

設定好配方後，準備好所有的材料，包括：各項油品、精油、添加物、刮刀與打蛋器等等。

STEP 2 逐一秤量油脂

如果配方中有固體油品，可以將其油品與椰子油和棕櫚油一起先加熱融解，加熱到硬油融解後就可以離開加熱處，等待稍微降溫後，再把其餘室溫的軟油油品逐一秤量加入。

STEP 3 秤量水量與氫氧化鈉

為了安全起見，請先秤量水量，再秤量氫氧化鈉。

STEP 4 將氫氧化鈉慢慢倒入水中

製作鹼水時也必須把氫氧化鈉分 2 ～ 3 次慢慢倒入水中，輕微攪拌後再少量倒入，直到把氫氧化鈉倒完，完成鹼水製作。剛製作完鹼水時溫度會上升，此時請耐心等候鹼水溫度降低。若想縮短等待時間，當確定氫氧化鈉都融解後，可以另外準備大鍋裝好冰塊或冰水再放入裝鹼水的容器，加速鹼水降溫。

STEP 5 等待油脂與鹼水溫度都降低到 35°C 以下

確認兩者溫度都下降到接近室溫。

STEP 6 把鹼水緩慢分 2 ～ 3 次倒入大不鏽鋼鍋中

鹼水比較危險，油脂相對安全，因此把鹼水慢慢倒入安全的油鍋中，過程中切勿一次用力倒完鹼水，避免噴濺。

STEP 7 開始混合攪拌

倒完鹼水後開始混合攪拌皂液，剛開始攪拌時不要過度用力，以免空氣打入皂液中，導致皂液濃稠時無法敲出來。只要有點攪拌的速度，做充分混合的攪拌即可。

STEP 8 持續攪拌約 20 分鐘，直到皂液已達 light trace 而更濃稠時加入精油

攪拌過程中會發現皂液慢慢有點濃稠，攪拌起來有些微阻力，大約攪拌 20 分鐘後，會發現打蛋器劃過皂液會有一點點痕跡，在上面寫 8 字大約呈現 7 ～ 10 秒而下沉，此時狀態通稱為 light trace。在這時候繼續攪拌，等到皂液更濃稠一點，就可以加入精油。

STEP 9 繼續攪拌到 trace（即皂液濃稠度如美乃滋狀），把皂液倒入皂模中

當攪拌皂液持續有阻力且加重時，會慢慢發現打蛋器劃過皂液的痕跡更粗，持續時間更久。攪拌到皂液上痕跡顯得清楚明確不下沉，濃稠度如美乃滋狀，便是 trace 狀，即可將皂液倒入皂模中。

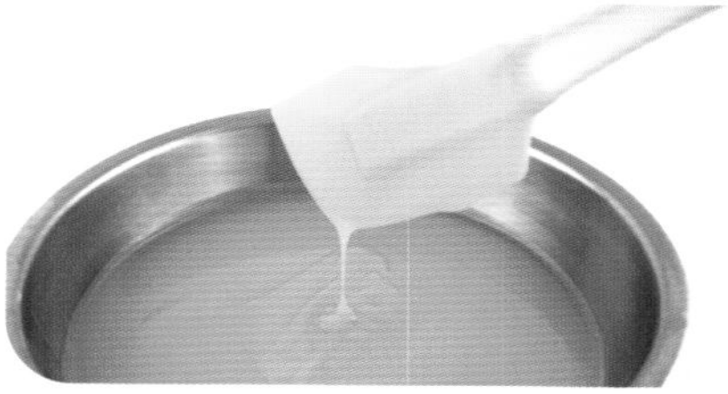

STEP 10 將皂模放入保溫箱 48 小時保溫

放入保溫箱後就蓋上蓋子，一定要乖乖保溫 48 小時，過程中千萬不要因為好奇而打開偷看喔！因為入模後的皂液會開始皂化升溫，如果打開偷看而讓外面的冷空氣進去，裡面的熱空氣跑出來，導致保溫箱中的溫度不夠，也就是常說的失溫，就無法完成整個皂化過程，會讓皂條結構鬆散，所完成的皂就成為「鬆糕」。在冬天時，因為擔心保溫箱裡溫度不夠，我會在保溫箱中的皂模旁放置一杯熱水，讓皂條的皂化狀況更加完美。

六· 製皂完成後的工作

Q&A 1 脫模技巧與時間

常常有人問孟孟，要怎麼脫模才能脫得漂亮？其實，最重要的就是耐心。我們常說：當皂液已經入模 48 小時就可以脫模。 原理上如此說明沒錯，但是在保溫箱這樣密不透氣的空間中，皂體的水分還是偏多，假若 48 小時過後就馬上拿出保溫箱進行脫模，除非皂體的硬度很高，不然通常會發現皂條邊緣與皂模的附著狀況還是有黏膩濕濕的狀況。此時，請將拿出保溫箱後的皂模同樣放在室溫通風處 1 ～ 2 天，讓皂條邊緣的水分再多揮發些，這樣脫模時就比較不會傷皂體，且會更完整更漂亮。

Q&A 2 切皂技巧與其他便利方式

接下來還是耐心的考驗。往往，只要可以脫模大家就會迫不及待的想馬上切皂，雖然皂條邊緣已經有點乾燥，摸起來也不黏膩，但是皂體裡面還是有許多水分。脫模後若發現皂體還是有點軟軟的，可以再放 2 天，切起來比較不會黏刀，表面也平滑工整。

除了用水果刀切皂之外，現在還有更便利的切皂方式，就是切皂台。只要皂體不是過分偏軟，可利用有鋼線的切皂台，脫模後用推的方式就能馬上切皂；而且切皂的方式較廣，可以大條大條的切，或是渲染皂需要對剖，只要轉個角度就能讓渲染線條呈現對稱效果，是一舉多得的做皂好工具。

Q&A 3 晾皂注意事項

台灣氣候潮濕，許多製皂者在晾皂過程中都會為此困擾。台灣天氣尤屬在夏季與梅雨季節時期晾皂最為困擾，因為此時空氣中的水分多、濕氣較重。手工皂中含有豐富的甘油，甘油是一種保濕劑，在手工皂中是很重要的保濕成分，當空氣中的濕氣、水分多，則甘油會吸附水分，造成皂體表面的潮濕，若沒有馬上擦拭，皂體會慢慢變質產生油斑；因此晾皂時需要注意通風與天氣的變化，盡量讓皂寶寶可以在空氣流通且陰涼處度過晾皂期，將皂體上的水分儘量揮發完全。

Q&A 4 如何收納已經晾好的皂寶寶

學會製作手工皂後，一定會愛上打皂的樂趣。每逢幾天就想開一鍋來玩玩，親朋好友都會收到來自於自己純手工的作品。已經晾皂完成可以使用的皂款，在尚未找到主人前，到底該怎麼收納呢？

我的做法是：完成晾皂後，用較厚的餐巾紙把皂寶寶暫時包裝起來，然後再裝入紙箱，在每層肥皂之間還用報紙分隔，並且在外箱上記錄箱子裡面的庫存明細，甚至寫上編號，這樣就能在需要某幾塊皂款時順利找到且方便取出。這樣的方法除了可以迅速把手工皂收納起來之外，還能讓手工皂透氣不悶熱，有時候遇到較熱或是濕度高的氣候，皂寶寶就會開始冒汗，雖然已經晾皂完畢，但是反覆的潮濕對皂寶寶的保存和品質穩定性都不好。餐巾紙可以防塵又能除濕，而報紙也能隔絕外面的濕氣，用紙箱裝起來，既不悶濕，又方便收納。

Handmade Soap

HANDMADE SOAP

MENG
MENG

PART 2

中藥 養護皂

1. 何首烏護髮皂

HANDMADE SOAP
MENG
MENG

功用——令頭髮黑亮光澤有彈性

適用——

- 油性頭皮
- 中偏油性頭皮

ingredient

配方比例

			百分比
使用油脂	椰子油	200g	40%
	棕櫚油	100g	20%
	山茶花油	150g	30%
	蓖麻油	50g	10%
	合計	**500g**	
鹼水	氫氧化鈉	79g	
	中藥汁	190g	
精油	迷迭香精油	6g	
	薰衣草精油	4g	
	苦橙葉精油	2g	
	皂液入模總重	**781g**	

性質表

	數值（依照性質改變）	建議範圍（不變）
硬度 Hardness	**45**	29 ～ 54
清潔力 Cleansing	**27**	12 ～ 22
保濕力 Condition	**49**	44 ～ 69
起泡度 Bubbly	**36**	14 ～ 46
穩定度 Creamy	**27**	16 ～ 48
碘價 Iodine	**47**	41 ～ 70
INS 值 INS	**176**	136 ～ 165

methods
操作步驟

STEP 1

將何首烏、當歸、菖蒲、旱蓮草、甘草、杏仁片、枸杞等 7 種中藥材各取 50g，浸泡於 500g 純水中一夜，再用小火熬煮約 1 小時，過濾藥渣後，取其水量製作中藥汁冰塊，備用。

STEP 2

準備好所有材料，量好油脂、氫氧化鈉。

STEP 3

使用中藥汁冰塊製作鹼水。

STEP 4

等待中藥鹼水降溫至 35°C 以下，即可將鹼水分 2 ～ 3 次慢慢倒入油脂中，開始攪拌 15 ～ 20 分鐘，直到皂液呈現 light trace 狀。

STEP 5

持續攪拌，直到皂液比 light trace 再濃稠一點時，加入精油，繼續攪拌均勻至 trace。

STEP 6

入模保溫，等待 2 天後脫模。

＊ 配方解碼

山茶花油可用苦茶油代替，皂化價仍以山茶花油為主。精油則挑選對頭髮有益的迷迭香和苦橙葉：**迷迭香精油**可減少掉髮以及給予頭皮和髮根活力，促進頭皮的血液循環；**苦橙葉精油**具有去除油性頭皮氣味以及頭皮屑的功用。

製作**中藥鹼水**時，會飄散濃濃的、類似阿摩尼亞的味道，不是很好聞，所以必須在通風良好的空間製作鹼水，避免嗆鼻，且中藥鹼水混合皂液攪拌時味道也較重。另外，由於成皂後精油氣味呈現不明顯，若不想添加精油也沒關係。依照晾皂經驗，到最後會只剩下中藥熬煮的淡淡中藥味。

皂液濃稠的速度偏快，盡可能把鹼水溫度降低，以免加速 trace。這樣做的好處是可以延長攪拌時間，讓油鹼混合更均勻，皂條品質更趨穩定。

添加物解碼

何首烏：使頭髮黑亮有光澤。
當歸：提供毛髮營養，具有消炎抗菌效果。
菖蒲：使細小毛髮具有彈性。
旱蓮草：改善頭皮屑與乾癢的症狀。
甘草：解毒與預防發炎。
杏仁片：皮膚角質層軟化、滋潤護膚。
枸杞：含有 14 種氨基酸，大量的胡蘿蔔素，還含有甜菜鹼、煙酸、牛黃酸、維生素 B、維生素 C，以及鈣、磷、鐵等物質。甜菜鹼是天然的介面活性劑，具有抗靜電的效果，有潤滑功用，且刺激性小。

GOOD IDEA
生活小妙方
MENG MENG

製作好的中藥汁，除了可以用來製作肥皂，還可以做洗髮後的保養：在洗髮後用毛巾沾濕中藥汁，包覆於頭皮頭髮上，約莫 5 分鐘後再沖洗掉即可。

2. 摩洛哥菊花散修復洗髮皂

功用——修復受損髮質，清潔頭皮

適用——

- 中偏油性頭皮
- 中性頭皮

ingredient

配方比例

			百分比
使用油脂	椰子油	115g	23%
	棕櫚油	90g	18%
	山茶花油	100g	20%
	摩洛哥堅果油	75g	15%
	開心果油	50g	10%
	蓖麻油	40g	8%
	橄欖油	30g	6%
	合計	**500g**	
鹼水	氫氧化鈉	70g	
	菊花散純露	126g	
精油	雪松精油	5g	
	薰衣草精油	5g	
	廣藿香精油	5g	
	皂液入模總重	**711g**	

性質表

	數值（依照性質改變）	建議範圍（不變）
硬度 Hardness	**34**	29 ～ 54
清潔力 Cleansing	**16**	12 ～ 22
保濕力 Condition	**62**	44 ～ 69
起泡度 Bubbly	**23**	14 ～ 46
穩定度 Creamy	**65**	16 ～ 48
碘價 Iodine	**63**	41 ～ 70
INS 值 INS	**146**	136 ～ 165

methods
操作步驟

STEP 1

至中藥房購買菊花散藥方，藥方如下：

- 乾菊花一兩、蔓荊子半兩、乾柏葉半兩、川芎半兩、白芷半兩、桑白皮半兩、細辛半兩、旱蓮草半兩。
- 將此藥方放置蒸餾水機中蒸餾，取得菊花散純露。將純露製作成菊花散純露冰塊，備用。

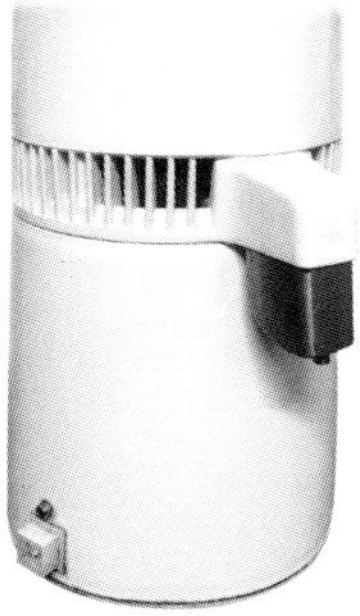

STEP 2

準備好所有材料，量好油脂、氫氧化鈉。

STEP 3

使用菊花散純露冰塊製作鹼水。

STEP 4

等待鹼水降溫至 35°C 以下，即可將鹼水分 2 ～ 3 次慢慢倒入油脂中，開始攪拌 15 ～ 20 分鐘，直到皂液呈現 light trace 狀。

STEP 5

持續攪拌，直到皂液比 light trace 再濃稠一點時，加入精油，繼續攪拌均勻至 trace。

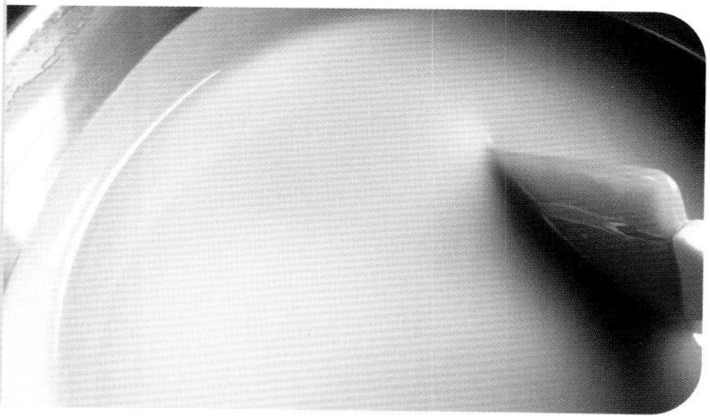

STEP 6

入模保溫，等待 2 天後脫模。

＊ 配方解碼

配方來自於慈禧太后喜愛的護髮藥方「**菊花散**」，在此提供的是孟孟長年於中藥房抓藥的藥帖配方，讀者們皆可記下此藥帖配方，前往中藥房購買。

使用蒸餾方式是因為，藥方經蒸餾製成純露後較容易保存，加上純露的特質是滲透性好，對於毛囊的養護具有功效。孟孟使用的器材是簡單的蒸餾水機，將中藥倒入蒸餾水機的內膽中，加純水至內膽 FULL 標示處後蓋上上蓋，在出水口放置不鏽鋼鍋準備裝盛純露，按下啟動即可。

於手工皂中搭配使用純露的優點是，不會讓整塊肥皂都呈現藥汁的咖啡色，使用純露融鹼，成皂後的顏色為一般的白黃色，之後若想從此配方著手做顏色運用，變化性也較多。

油脂使用上，選擇對頭髮有功效的**山茶花油**、摩洛哥堅果油與開心果油。其中，**摩洛哥堅果油**可防止頭髮毛躁分岔、修復受損髮質，也可單純使用此油品塗抹在髮尾，稍加熱敷，可明顯改善髮絲的光澤與柔順度。**開心果油**則具有防曬以及保護皮膚的功效，很適合用於長時間曝曬的頭髮，加上此油品有皂化後不黏膩的特性，特別適合添加於洗髮皂的配方中。

3. 左手香頭皮調理皂

HANDMADE SOAP
MENG MENG

功用——令悶熱頭皮舒暢的必備好皂

適用——夏季

- 油性頭皮
- 中偏油性頭皮

ingredient

配方比例

			百分比
使用油脂	椰子油	200g	40%
	棕櫚油	100g	20%
	山茶花油	175g	35%
	蓖麻油	25g	5%
	合計	**500g**	
鹼水	氫氧化鈉	79g	
	左手香汁	95g	
	雪松純露	95g	
精油	迷迭香精油	6g	
	雪松精油	6g	
	皂液入模總重	**781g**	

性質表

	數值（依照性質改變）	建議範圍（不變）
硬度 Hardness	**45**	29 ～ 54
清潔力 Cleansing	**27**	12 ～ 22
保濕力 Condition	**48**	44 ～ 69
起泡度 Bubbly	**32**	14 ～ 46
穩定度 Creamy	**23**	16 ～ 48
碘價 Iodine	**46**	41 ～ 70
INS 值 INS	**177**	136 ～ 165

methods

操作步驟

STEP 1

摘取 200g 左手香，放入 500g 純水中，用電動攪拌棒或是果汁機打成細泥狀，盡量把葉渣與細泥濾出，取左手香汁冷藏或製成冰塊，備用。

STEP 2

使用雪松純露製成冰塊，備用。

STEP 3

準備好所有材料，量好油脂、氫氧化鈉。

STEP 4

先使用左手香汁製作第一次鹼水。

STEP 5

等待降溫至 35 °C 以下，再放入雪松純露冰塊。

STEP 6

再次等待鹼水降溫至 35 °C 以下，即可將鹼水分 2 ～ 3 次慢慢倒入油脂中，開始攪拌 15 ～ 20 分鐘，直到皂液呈現 light trace 狀。

STEP 7

持續攪拌，直到皂液比 light trace 再濃稠一點時，加入精油，繼續攪拌均勻至 trace。

STEP 8

入模保溫，等待 2 天後脫模。

＊ 配方解碼

這款配方是孟孟每逢夏天一定要製作的洗髮皂皂款。炎熱的夏天，悶熱的季節，皮脂汗腺也跟著發達，當氣溫升高，被長髮覆蓋住的頭皮也感到悶熱，因此選擇使用**左手香汁**和**雪松純露**代替水量，具有減輕發炎的效果，又能抗菌，搭配較高清潔力的皂款配方，對付悶熱頭皮也頗舒暢。

水量部分也可以全部用對頭髮頭皮有益的雪松純露或是**迷迭香純露**製作，因為夏天炎熱，清潔力相對提高，不但適合偏油性的頭皮使用，對於油性肌或是容易流汗的青壯男性朋友也都非常適合。想要有點涼意的話，還可以添加油量比例 3% 的**薄荷腦**喔！是一塊多種用途的夏季好皂。

半乳半水的水量創意運用

GOOD IDEA
MENG MENG

生活中有好多植物可以打成汁代替水量製作手工皂，還有**奶類**或是**豆漿**也都可以在合理範圍內運用製作，只是該如何做有效的搭配呢？

我們可利用**半乳半水**的做法：用不鏽鋼小鍋裝盛一半水的水量，先融解全部的氫氧化鈉，等待降溫後再把另一半水量的**牛奶**（**羊奶**、**母乳**亦可）放入已經降溫好的鹼水中，攪拌融解後繼續降溫一次。過程中可以用較大的鍋子裝滿冷水或冰塊，再放入裝了鹼水的小鍋降溫，就不會讓鹼水的溫度上升太高。

善用半乳半水的原理，確實可以做許多不同的創意運用喔！

例如此皂款的做法就是希望利用純露製作，但是全部用純露的成本不但提高，且效果沒有左手香汁好，於是兩者考量之下，一半利用左手手香汁先融鹼，另一半用雪松純露補足剩餘的水量，不但有趣又有實用性。

4. 茶花川芎美肌溫潤皂

功用｜溫和不緊繃，清爽滋養無負擔

適用｜春夏季

所有肌膚

ingredient

配方比例

			百分比
使用油脂	椰子油	100g	20%
	棕櫚油	115g	23%
	山茶花油	100g	20%
	橄欖油	75g	15%
	杏桃核仁油	75g	15%
	蓖麻油	35g	7%
	合計	**500g**	
鹼水	氫氧化鈉	71g	
	川芎藥汁	142g	
精油	佛手柑精油	9g	
	檸檬精油	6g	
	皂液入模總重	**728g**	

性質表

	數值（依照性質改變）	建議範圍（不變）
硬度 Hardness	**33**	29 ～ 54
清潔力 Cleansing	**14**	12 ～ 22
保濕力 Condition	**63**	44 ～ 69
起泡度 Bubbly	**20**	14 ～ 46
穩定度 Creamy	**26**	16 ～ 48
碘價 Iodine	**64**	41 ～ 70
INS 值 INS	**144**	136 ～ 165

methods

操作步驟

STEP 1

取乾燥川芎藥材 50g，浸泡於 500g 純水中一夜。再用小火熬煮約半小時，過濾藥渣後，取其水量製作川芎藥汁冰塊，備用。

STEP 2

準備好所有材料，量好油脂、氫氧化鈉。

STEP 3

使用川芎藥汁冰塊製作鹼水。

STEP 4

等待鹼水降溫至 35°C 以下，即可將鹼水分 2 ～ 3 次慢慢倒入油脂中，開始攪拌 15 ～ 20 分鐘，直到皂液呈現 light trace 狀。

STEP 5

持續攪拌，直到皂液比 light trace 再濃稠一點時，加入精油，繼續攪拌均勻至 trace。

STEP 6

入模保溫，等待 2 天後脫模。

＊ 配方解碼

這款配方以適合所有肌膚洗臉為設計方向，氫氧化鈉用量特意減鹼 2%，以求溫和不刺激，椰子油也以不超過 23% 為主，避免中性與乾性肌膚的朋友在洗臉後有過度緊繃的感受。

其中軟油部分以**山茶花油**最多，是考量到山茶花油在滋養皮膚的功效上不輸於橄欖油，但在悶熱夏季中的清爽度卻勝於橄欖油；加上外出戴上口罩時容易造成臉部悶熱，因此在配方中避免過高的保濕力，也是因應春夏季強調清爽效果的訴求。

川芎的美膚功效眾所皆知，可減少粉刺、舒緩與收斂，對於淡化斑點也有效果。將川芎浸泡於純水中，不但可以取汁製作美顏皂款，亦能作出搭配性廣泛的配方。

GOOD IDEA

生活小妙方

MENG MENG

這款配方中以山茶花油為原料，不但能做出清爽、具養分的手工皂，對於頭髮的養護、加強毛髮彈性也相當有效，因山茶花油不但能柔軟肌膚，滲透性亦優良，用於髮絲上也不過於黏膩。

許多人會將此油用於護髮作品，其中最容易製作又能直接吸收的運用方式，則是製作「**山茶花護髮油**」，其參考配方如下：

山茶花油 10ml + 迷迭香精油 3 ～ 5 滴

使用方式：

洗淨頭髮後於髮絲 6 ～ 7 分乾時，滴 2 ～ 3 滴護髮油於手心上，少量塗抹於髮絲，即可達到強健養護頭髮的功效。

5. 益母草洗面皂

HANDMADE SOAP
MENG MENG

功用

防衰老、抗疲勞，養顏美容

適用

- 中性肌
- 中偏乾性肌

ingredient
配方比例

			百分比
使用油脂	椰子油	90g	18%
	棕櫚油	100g	20%
	榛果油	170g	34%
	澳洲胡桃油	75g	15%
	米糠油	65g	13%
	合計	**500g**	
鹼水	氫氧化鈉	73g	
	益母草藥汁	175g	
精油	薰衣草精油	6g	
	苦橙葉精油	6g	
	皂液入模總重	**760g**	

性質表

	數值（依照性質改變）	建議範圍（不變）
硬度 Hardness	**32**	29 ～ 54
清潔力 Cleansing	**12**	12 ～ 22
保濕力 Condition	**59**	44 ～ 69
起泡度 Bubbly	**12**	14 ～ 46
穩定度 Creamy	**20**	16 ～ 48
碘價 Iodine	**70**	41 ～ 70
INS 值 INS	**137**	136 ～ 165

methods
操作步驟

STEP 1

取乾燥益母草藥材 100g，浸泡於 1000g 純水中一夜，再用小火熬煮約半小時，過濾藥渣後，取其水量製作益母草藥汁冰塊，備用。

STEP 2

準備好所有材料，量好油脂、氫氧化鈉。

STEP 3

使用益母草藥汁冰塊製作鹼水。

STEP 4

等待鹼水降溫至 35°C 以下，即可將鹼水分 2 ～ 3 次慢慢倒入油脂中，開始攪拌 15 ～ 20 分鐘，直到皂液呈現 light trace 狀。

STEP 5

持續攪拌，直到皂液比 light trace 再濃稠一點時，加入精油，繼續攪拌均勻至 trace。

STEP 6

入模保溫，等待 2 天後脫模。

* 配方解碼

製作洗面皂的配方中，**米糠油**是很適合的油品，因為此油品對於肌膚具有美白、柔嫩和滋潤的效果，且含有抗氧化物，非常適合脆弱或敏感肌膚使用的配方油品。皂用材料店的皂用米糠油有一種是泰國進口食用米糠油，此款油品入皂容易加速 trace，此配方中並非使用泰國進口食用米糠油，所以沒有加速 trace 的困擾，若讀者手邊只有泰國米糠油，在使用時請注意加速皂化的狀況喔！

武則天是一位很講究美容保養的女皇，在位期間宮內有許多很有名的美容祕方，據說其中洗臉配方就是使用益母草製作的。**益母草**含有許多微量元素，其中錳能抗氧化、防衰老、抗疲勞，因此益母草有養顏美容，防止肌膚衰老的好處。煮好的益母草水呈現淡黃色，而遇到鹼的環境後會變成咖啡色，請不用擔心，安心製作鹼水，入模脫模後就會呈現一般皂液正常的淡黃色了。

6. 山芙蓉抗敏修護皂

HANDMADE SOAP
MENG MENG

功用

脆弱與敏感肌的清潔與養護聖品

適用

- 乾性肌
- 敏感肌

ingredient
配方比例

			百分比
使用油脂	椰子油	85g	17%
	棕櫚油	115g	23%
	橄欖油	125g	25%
	乳油木果油	75g	15%
	澳洲胡桃油	60g	12%
	蓖麻油	40g	8%
	合計	**500g**	
鹼水	氫氧化鈉	70g	
	山芙蓉藥汁	140g	
精油	薰衣草精油	8g	
	玫瑰天竺葵精油	7g	
	皂液入模總重	**725g**	

性質表

	數值（依照性質改變）	建議範圍（不變）
硬度 Hardness	**38**	29 ～ 54
清潔力 Cleansing	**12**	12 ～ 22
保濕力 Condition	**57**	44 ～ 69
起泡度 Bubbly	**19**	14 ～ 46
穩定度 Creamy	**33**	16 ～ 48
碘價 Iodine	**60**	41 ～ 70
INS 值 INS	**143**	136 ～ 165

methods
操作步驟

STEP 1

製作鹼水：取乾燥山芙蓉藥材 50g，浸泡於 300g 純水中一夜，再用小火熬煮約半小時，過濾藥渣後，取其水量製作山芙蓉藥汁冰塊，備用。

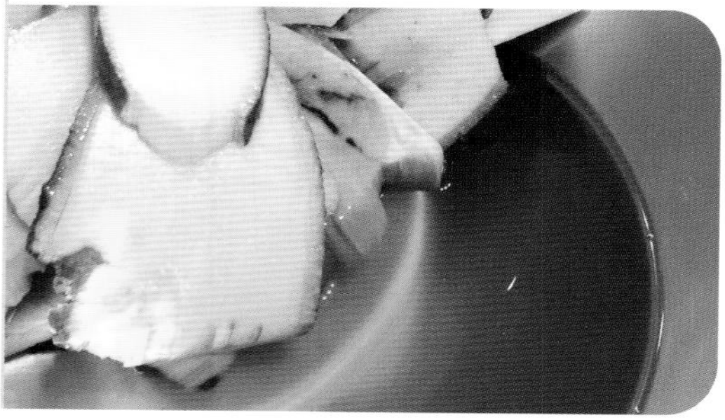

油萃山芙蓉：取乾燥山芙蓉藥材 50g，浸泡於 250g 橄欖油中，使用電鍋保溫 8 小時（外鍋不加水）。待 8 小時後將藥材與油脂分離過濾，取橄欖油備用。

STEP 2

準備好所有材料，量好油脂、氫氧化鈉。

STEP 3

使用山芙蓉藥汁冰塊製作鹼水。

STEP 4

等待鹼水降溫至 35°C 以下，即可將鹼水分 2 ～ 3 次慢慢倒入油脂中，開始攪拌 15 ～ 20 分鐘，直到皂液呈現 light trace 狀。

STEP 5

持續攪拌，直到皂液比 light trace 再濃稠一點時，加入精油，繼續攪拌均勻至 trace。

STEP 6

入模保溫，等待 2 天後脫模。

＊ 配方解碼

這款配方以修護為主，脆弱的肌膚最需要修護了。本配方降低清潔力，並利用配方中**乳油木果油**優越的修護力，讓清潔後的皮膚可以盡快得到養護；**澳洲胡桃油**則是因為油脂成分很接近人類肌膚，不刺激也容易吸收，可達整體洗感無負擔的作用。

使用**山芙蓉**熬煮成融鹼的水相，是因對於敏感肌膚的紅腫搔癢與發炎症狀，山芙蓉都能予以舒緩與修復，是一款天然且刺激度很低的保健藥材。

山芙蓉與澳洲胡桃油皆有延緩老化的功能，不過兩者特質不同；山芙蓉還有淨白、潔淨肌膚的功能，這兩者相互搭配放入同一配方時，有協助加乘的效果。

7. 白癬皮止癢低敏皂

功用

清爽舒緩，淨化皮膚

適用

春夏季

中偏油性肌

ingredient

配方比例

			百分比
使用油脂	椰子油	115g	23%
	棕櫚油	100g	20%
	甜杏仁油	150g	30%
	橄欖油	85g	17%
	葡萄籽油	50g	10%
	合計	**500g**	
鹼水	氫氧化鈉	74g	
	白癬皮藥汁	177g	
精油	茶樹精油	5g	
	洋甘菊精油	7g	
	皂液入模總重	**763g**	

性質表

	數值 （依照性質改變）	建議範圍 （不變）
硬度 Hardness	**33**	29 ～ 54
清潔力 Cleansing	**16**	12 ～ 22
保濕力 Condition	**63**	44 ～ 69
起泡度 Bubbly	**25**	14 ～ 46
穩定度 Creamy	**27**	16 ～ 48
碘價 Iodine	**66**	41 ～ 70
INS 值 INS	**145**	136 ～ 165

methods
操作步驟

STEP 1

將白癬皮藥材取 100g，浸泡於 1000g 純水中一夜，再用小火熬煮約半小時，過濾藥渣後，取其水量製作白癬皮藥汁冰塊，備用。

STEP 2

準備好所有材料，量好油脂、氫氧化鈉。

STEP 3

使用白癬皮藥汁冰塊製作鹼水。

STEP 4

等待鹼水降溫至 35°C 以下，即可將鹼水分 2 ～ 3 次慢慢倒入油脂中，開始攪拌 15 ～ 20 分鐘，直到皂液呈現 light trace 狀。

STEP 5

持續攪拌，直到皂液比 light trace 再濃稠一點時，加入精油，繼續攪拌均勻至 trace。

STEP 6

入模保溫，等待 2 天後脫模。

＊ 配方解碼

這款夏季配方中，選擇**甜杏仁油**的訴求是不過於滋潤，期待使用時有清潔和清爽的洗感，因為夏季皮膚容易搔癢，太過於滋潤的配方更容易造成肌膚的負擔。

白癬皮主要有治療皮膚病的功能，能抗真菌與舒緩皮膚搔癢。製作白癬皮藥汁當作基底水量，除了製程有趣之外，主要用意是將白癬皮的功效提升到最高。

以白癬皮藥汁來做基底水量，再搭配具有卓越殺菌效果的**茶樹精油**與優良淨化皮膚功能的**洋甘菊精油**，沐浴時不但能享受淡淡的水果香與新鮮略帶刺鼻的氣味，也強化整體的清潔舒緩效能。

Handmade Soap

HANDMADE SOAP

MENG
MENG

PART 3

樂活
原料皂

8. 薑汁清潔皂

HANDMADE SOAP
MENG MENG

功用 — 提高血液循環，促進毛髮再生

適用 —
- 油性頭皮
- 中偏油性頭皮

ingredient

配方比例

			百分比
使用油脂	椰子油	100g	20%
	棕櫚油	150g	30%
	芝麻油	125g	25%
	蓖麻油	90g	18%
	荷荷芭油	35g	7%
	合計	**500g**	

鹼水	氫氧化鈉	75g
	老薑薑汁	179g
精油	羅勒精油	4g
	薑精油	8g
添加物	薑粉	2g
	皂液入模總重	**768g**

性質表

	數值（依照性質改變）	建議範圍（不變）
硬度 Hardness	**35**	29 ～ 54
清潔力 Cleansing	**14**	12 ～ 22
保濕力 Condition	**56**	44 ～ 69
起泡度 Bubbly	**30**	14 ～ 46
穩定度 Creamy	**37**	16 ～ 48
碘價 Iodine	**67**	41 ～ 70
INS 值 INS	**133**	136 ～ 165

methods

操作步驟

STEP 1

將老薑切片或切丁取 100g，和 300g 純水攪拌打成泥狀，過濾老薑渣後，取其薑汁製作冰塊，備用。

STEP 2

準備好所有材料，量好油脂、氫氧化鈉。

STEP 3

使用薑汁冰塊製作鹼水。

STEP 4

等待鹼水降溫至 35°C 以下，即可將鹼水分 2 ～ 3 次慢慢倒入油脂中，開始攪拌 15 ～ 20 分鐘，直到皂液呈現 light trace 狀。

STEP 5

持續攪拌，直到皂液比 light trace 再濃稠一點時，加入精油與薑粉，繼續攪拌均勻至 trace。

STEP 6

入模保溫，等待 2 天後脫模。

＊ 配方解碼

在中醫的角度來說，**老薑**性溫，有發熱刺激毛囊的作用，確實可以提高肌膚局部的血液循環，進而刺激毛囊將其打開，促進毛髮再 生。含有老薑成分的洗髮皂，不但具有清潔頭皮的效果，更能去除頭皮屑，減少掉髮喔！

薑汁融鹼時所產生的氣味很特殊，同樣是接近薑的味道，且不會嗆鼻。如果融鹼後發現還有些許較大的纖維或是顆粒，可以在油鹼混合前再過濾一次，製作出來的皂條也會比較細緻喔！

芝麻油具有豐富的維生素 E，也能促進血液循環，並有滋潤髮絲的效果，其中特殊的木質素對於頭皮與肌膚都有抗老化的作用。可使用料理用的黑麻油代替皂用芝麻油，缺點是皂液的黑麻油味道較重，且皂條的顏色會依照芝麻品種萃取出來的顏色而有所不同。

羅勒精油除了對皮膚有消炎抗菌的效果，使用在頭皮上具有促進血液循環的功效。

配方延伸運用

稍微拉高**椰子油**，也可以修正成為**夏季油性肌的沐浴皂**。夏天沐浴皂的搭配重點是：稍微提高清潔力，避免太滋潤的油品。**芝麻油**不只能使用在洗髮皂上，也可經適當搭配製作成沐浴皂，同樣具有修護傷口、滋潤皮膚的優點。

家中如果有料理用黑麻油，也能代替皂用的芝麻油，雖然做出來有點麻油味，但是透過泡泡與清潔，油脂的味道是不會殘留在肌膚上的，這點可以請使用者放心喔！

配方比例

使用油脂	百分比
椰子油	30%
棕櫚油	20%
橄欖油	25%
芝麻油	20%
蓖麻油	5%

性質表

性質	數值
硬度	41
清潔力	20
保濕力	55
起泡度	25
穩定度	25
碘價	61
INS 值	154

GOOD IDEA

生活小妙方

MENG MENG

洗髮前將髮絲稍微拍濕，塗抹適量的芝麻油，用熱毛巾包覆約 10 ～ 15 分鐘，讓頭髮吸收豐富的養分，修補受損髮絲，再用洗髮皂洗淨，每週護髮一次，持續一個月就能感受秀髮的柔順觸感。

9. 甜杏綠茶清爽沐浴皂

HANDMADE SOAP
MENG MENG

功用 —— 護膚抗氧化，洗感不乾澀

適用 —— 夏季

- ☑ 油性肌
- ☑ 中偏油性肌

ingredient

配方比例

			百分比
使用油脂	椰子油	125g	25%
	棕櫚油	90g	18%
	綠茶粉浸泡甜杏仁油	210g	42%
	葡萄籽油	75g	15%
	合計	**500g**	
鹼水	氫氧化鈉	74g	
	水量	178g	
精油	廣藿香精油	3g	
	迷迭香精油	7g	
	甜橙精油	2g	
	皂液入模總重	**764g**	

性質表

	數值（依照性質改變）	建議範圍（不變）
硬度 Hardness	**33**	29 ～ 54
清潔力 Cleansing	**17**	12 ～ 22
保濕力 Condition	**62**	44 ～ 69
起泡度 Bubbly	**17**	14 ～ 46
穩定度 Creamy	**17**	16 ～ 48
碘價 Iodine	**73**	41 ～ 70
INS 值 INS	**141**	136 ～ 165

methods

操作步驟

STEP 1

取綠茶粉 150g，浸泡於 500g 的甜杏仁油一個月以上，備用。

STEP 2

準備好所有材料，量好油脂、氫氧化鈉。

STEP 3

使用純水冰塊製作鹼水。

STEP 4

等待鹼水降溫至 35°C 以下，即可將鹼水分 2 ～ 3 次慢慢倒入油脂中，開始攪拌 15 ～ 20 分鐘，直到皂液呈現 light trace 狀。

STEP 5

持續攪拌，直到皂液比 light trace 再濃稠一點時，加入精油，繼續攪拌均勻至 trace。

STEP 6

入模保溫，等待 2 天後脫模。

* 配方解碼

綠茶粉對於肌膚有抗氧化、抗皺、去除黑斑和雀斑的效果，除了可以當製作手工皂的添加物之外，還可以運用在浸泡油裡面，加上**甜杏仁油**的適用性很廣泛，於是把綠茶粉製作成綠茶粉甜杏仁浸泡油，可兼具清爽、保濕、護膚、修復小傷口等優點，綠茶粉浸泡甜杏仁油是孟孟最愛的浸泡油之一！

這配方適合夏天沐浴，具有清潔力，並用甜杏仁油的優越適用性搭配葡萄籽油的清爽，達到清爽洗淨的夏季舒適感。

葡萄籽油是製作夏天沐浴皂的特色油品。葡萄籽油含有大量的亞麻油酸和青花素，是抗老化的最佳油品，適合各種膚質，和甜杏仁油一樣適用性很廣泛。可是因為葡萄籽油的亞麻油酸高，添加的比例不宜太多，除了會讓皂體偏軟之外，夏天濕氣重，皂體也容易冒油斑，品質比較不穩定。

配方延伸運用

有個延伸配方在**冬天**用也很滋潤喔！攪拌時間會稍微久一點點，需要一些耐心攪拌。雖然少了棕櫚油而令製皂成本提高，但是保濕力確實也增加了，加上**可可脂**本身有良好的滋潤度，所以整體使用上，這配方會讓肌膚具有更優越的滋潤度。

配方比例

使用油脂	百分比
椰子油	20%
橄欖油	30%
甜杏仁油	20%
可可脂	15%
芥花油	15%

性質表

性質	數值
硬度	32
清潔力	13
保濕力	64
起泡度	13
穩定度	19
碘價	69
INS 值	134

10. 洋蔥乳木抗敏皂

功用｜皮膚受傷時的最佳小護士

適用｜冬季

- 乾性肌
- 敏感肌

ingredient

配方比例

			百分比
使用油脂	椰子油	95g	19%
	棕櫚油	105g	21%
	小麥胚芽油	50g	10%
	精緻酪梨油	150g	30%
	乳油木果脂	100g	20%
	合計	**500g**	
鹼水	氫氧化鈉	72g	
	紫洋蔥浸泡水	85g	
	紫洋蔥汁	85g	
精油	山雞椒精油	6g	
	苦橙葉精油	6g	
添加物	紫色洋蔥泥	3g	
	皂液入模總重	**757g**	

性質表

	數值（依照性質改變）	建議範圍（不變）
硬度 Hardness	**43**	29 ～ 54
清潔力 Cleansing	**13**	12 ～ 22
保濕力 Condition	**51**	44 ～ 69
起泡度 Bubbly	**13**	14 ～ 46
穩定度 Creamy	**30**	16 ～ 48
碘價 Iodine	**63**	41 ～ 70
INS 值 INS	**138**	136 ～ 165

＊ 數值上保濕力不高，但是油品的基底是很優越的。考慮洋蔥水效能的同時，也要選擇正確的使用油品，才能提高整體的優點與適用性。

methods

操作步驟

STEP 1

將紫色洋蔥取三分之一，泡在純水中一晚，取其水量製作紫洋蔥水浸泡冰塊，做第一次融鹼時備用。

STEP 2

洋蔥 150g 切片，與 70g 純水一起打成泥狀，過濾洋蔥渣後，取其水量製作紫洋蔥汁冰塊，做第二次融鹼時備用。

STEP 3

準備好所有材料，融解硬油，量好油脂、氫氧化鈉。

STEP 4

將氫氧化鈉 72g 緩慢加入 85g 的紫洋蔥浸泡水冰塊，製作第一次鹼水。

STEP 5

等待鹼水降溫至 35 °C 以下，再將 85g 的紫洋蔥汁冰塊慢慢加入到鹼水中。

STEP 6

再次等待全部鹼水降溫至 35°C 以下，把鹼水中的洋蔥渣過濾一次。

STEP 7

將過濾好的鹼水分 2 ～ 3 次慢慢倒入油脂中，開始攪拌 15 ～ 20 分鐘，直到皂液呈現 light trace 狀。

STEP 8

持續攪拌，直到皂液比 light trace 再濃稠一點時，加入洋蔥泥，繼續攪拌。

STEP 9

攪拌均勻後再加入精油，持續攪拌至 trace。

STEP 10

入模保溫，等待 2 天後脫模。

＊ 配方解碼

洋蔥對肌膚最顯著的好處在於：

1. 能夠止癢。不小心被蚊蟲叮咬，可以用洋蔥塗抹被咬的地方，迅速止癢。
2. 能癒合傷口。不小心燙傷或是刀傷時，可以將洋蔥表面半透明的皮撕下來貼在傷口位置，是天然的殺菌藥，能促進傷口癒合。

這配方是給有肌膚問題或皮膚受傷的朋友使用，在這樣的訴求中，清潔力不能太高，且油脂需要選擇具有修護度的油品，因此降低椰子油，添加**小麥胚芽油**，並搭配比例較高的**乳油木果脂**，這樣是最好取得且又方便搭配的配方。小麥胚芽油質地特性偏軟，入皂需要搭配硬油，除了椰子和棕櫚油之外，因應配方需求，搭配乳油木果脂加強整體硬度及修護保濕，是兩全其美的配方選擇。

鹼水解碼

紫色洋蔥水融鹼的視覺享受令人驚豔，雖然前置作業步驟繁多，但過程非常有趣，製作出來的作品穩定性又好，沐浴洗感和效果也一級棒。

基底水量的部分分為兩次融鹼，第一次用洋蔥浸泡水冰塊沒有多餘的不皂化物，對於融鹼的效率較高。第二次用的洋蔥汁雖然在製作冰塊前已經過濾了，但是融鹼後不皂化物仍舊無法完全與鹼結合融解，因此在油鹼混合前後還需要再過濾一次，將洋蔥渣濾乾淨，再倒入油脂中攪拌。這項動作最主要的用意在於：盡量減少不皂化物，讓油和鹼水皂化完全，等到接近 trace 時才加入精油與添加物。這樣能提高成皂後的穩定性，而不容易酸敗或是起油斑。

GOOD IDEA

生活小妙方

MENG MENG

剩下的洋蔥還有什麼使用上的小妙方呢？夏天蚊蟲比較盛行，在亮燈的地方掛個洋蔥圈，有很好的驅蚊效果喔！還能將洋蔥放在房間角落，也能驅趕蟑螂和蚊蟲；流感季節在屋裡放置洋蔥，也有殺菌的效果喔！

11. 綠花菠菜修護皂

HANDMADE SOAP
MENG MENG

功用｜平凡蔬菜，潤澤肌膚大不凡

適用｜秋冬季

- ☑ 乾性肌
- ☑ 敏感肌

ingredient

配方比例

			百分比
使用油脂	椰子油	85g	17%
	棕櫚油	85g	17%
	橄欖油	80g	16%
	酪梨油	100g	20%
	乳油木果脂	100g	20%
	葵花油	50g	10%
	合計	**500g**	
鹼水	氫氧化鈉	72g	
	蔬菜汁	172g	
精油	佛手柑精油	3g	
	薰衣草精油	6g	
	尤加利精油	3g	
	皂液入模總重	**756g**	

性質表

	數值（依照性質改變）	建議範圍（不變）
硬度 Hardness	**39**	29～54
清潔力 Cleansing	**12**	12～22
保濕力 Condition	**57**	44～69
起泡度 Bubbly	**12**	14～46
穩定度 Creamy	**28**	16～48
碘價 Iodine	**67**	41～70
INS 值 INS	**135**	136～165

methods

操作步驟

STEP 1

準備些許新鮮的花椰菜和菠菜。

STEP 2

將花椰菜和菠菜燙熟，取 50g，與 150g 純水攪拌打成泥狀。

STEP 3

過濾出蔬菜汁 172g 備用。

STEP 4

準備好所有材料，融解硬油，量好油脂、氫氧化鈉。

STEP 5

使用蔬菜汁製作鹼水。

STEP 6

等待鹼水降溫至 35°C 以下，即可將鹼水分 2 ～ 3 次慢慢倒入油脂中，開始攪拌 15 ～ 20 分鐘，直到皂液 light trace 狀。

STEP 7

持續攪拌，直到皂液比 light trace 再濃稠一點時，加入精油，繼續攪拌均勻至 trace。

STEP 8

入模保溫，等待 2 天後脫模。

＊ 配方解碼

菠菜是葉綠素含量很高的蔬菜，入皂顏色是非常自然的綠色。菠菜能潤澤肌膚，也適用於敏感肌配方的搭配。**花椰菜**不但是美食好夥伴，也是淨白美膚好配方，能淡化痘疤與黑色素沉澱。

整體配方較強調修護的功效，所以清潔力不能太高，以免造成肌膚的清潔負擔，只要在建議範圍內就好，再適度搭配清爽又具有修護度的油品來提升皂方的主題。

要注意的是，**葵花油**不能太多，因為葵花油的亞麻酸高，太多容易起油斑。添加比例過高容易起油斑的油品如下：葵花油、大豆油、葡萄籽油、芥花油等等。

12. 山藥芝麻美白皂

HANDMADE SOAP
MENG MENG

功用——令人化身白雪公主的安心支持

適用——所有肌膚

ingredient

配方比例

			百分比
使用油脂	椰子油	100g	20%
	棕櫚油	100g	20%
	榛果油	125g	25%
	橄欖油	100g	20%
	小麥胚芽油	75g	15%
	合計	**500g**	
鹼水	氫氧化鈉	73g	
	純水	176g	
精油	玫瑰天竺葵	5g	
	薰衣草精油	4g	
	苦橙葉精油	3g	
添加物	山藥泥	35g	
	黑芝麻粉	2g	
	皂液入模總重	**798g**	

性質表

	數值（依照性質改變）	建議範圍（不變）
硬度 Hardness	**35**	29 ～ 54
清潔力 Cleansing	**14**	12 ～ 22
保濕力 Condition	**61**	44 ～ 69
起泡度 Bubbly	**14**	14 ～ 46
穩定度 Creamy	**20**	16 ～ 48
碘價 Iodine	**73**	41 ～ 70
INS 值 INS	**134**	136 ～ 165

methods

操作步驟

STEP 1

將新鮮的山藥用電動攪拌器打成泥狀，取 35g 山藥泥備用。

STEP 2

準備好所有材料，量好油脂、氫氧化鈉。

STEP 3

使用冰純水或純水冰塊製作鹼水。

STEP 4

等待鹼水降溫至 35°C 以下，即可將鹼水分 2 ～ 3 次慢慢倒入油脂中，開始攪拌 15 ～ 20 分鐘，直到皂液 light trace 狀。

STEP 5

持續攪拌，直到皂液比 light trace 再濃稠一點時，加入精油，繼續攪拌。

STEP 6

倒出原鍋皂液 100g，先與山藥泥攪拌均勻，再將山藥皂液倒回原鍋中，繼續攪拌。

STEP 7

加入 2g 芝麻粉，攪拌均勻至 trace。

STEP 8

入模保溫，等待 2 天後脫模。

＊ 配方解碼

芝麻含豐富的鈣、蛋白質以及亞麻油酸，可以改善粗糙皮膚，讓肌膚細嫩。搭配的**山藥**是內服外用的好材料，食用新鮮的山藥可增強免疫力、抗氧化、健脾固腎。除了食療外，山藥在外用方面也具許多美容效果，例如：收斂毛孔與嫩白美膚、改善肌膚乾燥、抗老化、補充營養、去除黑斑。

山藥入皂不適合使用山藥汁直接製作鹼水，會讓整個鹼水結塊，沒有流動性。為了成皂品質與操作流程順利，還是以山藥泥作添加物最穩定了。只需切一小塊使用即可，千萬不要浪費食物。

13. 燕麥溫和豆漿皂

HANDMADE SOAP
MENG MENG

功用

輕柔代謝角質，溫潤潔膚

適用

- 乾性肌
- 敏感肌

ingredient

配方比例

			百分比
使用油脂	椰子油	90g	18%
	棕櫚油	100g	20%
	橄欖油	110g	22%
	甜杏仁油	100g	20%
	酪梨油	100g	20%
	合計	**500g**	
鹼水	氫氧化鈉	73g	
	豆漿	175g	
精油	薰衣草精油	7g	
	洋甘菊精油	5g	
添加物	燕麥細粉	2g	
	皂液入模總重	**762g**	

性質表

	數值（依照性質改變）	建議範圍（不變）
硬度 Hardness	**34**	29 ～ 54
清潔力 Cleansing	**12**	12 ～ 22
保濕力 Condition	**61**	44 ～ 69
起泡度 Bubbly	**12**	14 ～ 46
穩定度 Creamy	**22**	16 ～ 48
碘價 Iodine	**68**	41 ～ 70
INS 值 INS	**138**	136 ～ 165

methods

操作步驟

STEP 1

準備好所有材料，量好油脂、氫氧化鈉。

STEP 2

將燕麥片磨成細粉，取 2g 備用。

STEP 3

使用豆漿冰塊製作鹼水。

STEP 4

等待鹼水降溫至 35°C 以下，即可將鹼水分 2 ～ 3 次慢慢倒入油脂中，開始攪拌 15 ～ 20 分鐘，直到皂液呈現 light trace 狀。

STEP 5

持續攪拌，直到皂液比 light trace 再濃稠一點時，加入精油，繼續攪拌。

STEP 6

確實將精油攪拌均勻後，將燕麥細粉倒入皂液中，繼續攪拌至 trace。

STEP 7

入模保溫，等待 2 天後脫模。

＊ 配方解碼

家中常出現的**燕麥**是做皂長年不敗的好材料。燕麥入皂洗起來顆粒感較粗，皮膚受到的摩擦感較明顯，對於喜歡觸感明顯的去角質皂使用者是很棒的添加物；使用初期時比較有刺激感，遇水後會慢慢軟化。把燕麥磨碎成細粉，使用起來刺激性不高，對於女性朋友的肌膚刺激性也比較低。

配方中刻意挑選**酪梨油**，主要是配合清潔與角質效果，也同時能深層清潔與滋潤肌膚，在這樣的思考下，酪梨油是上選。它不但具有優良的抗皺效果，也能幫助肌膚加強新陳代謝。

洋甘菊精油適合任何肌膚以及油性頭皮，可以鎮定正在發炎或是過敏的肌膚，並同時改善濕疹、乾癬、痘痘肌。因為洋甘菊精油具有甜美的香氣，搭配**薰衣草精油**添加在手工皂配方中，讓皂方具溫和感，可嗅聞到類似花香的甜香，同時也不失薰衣草淡淡的草木氣息。

14. 核桃雪松皂

功用｜天然顆粒超有感，去角質逸品

適用｜夏季

中偏油性肌

中性肌

ingredient

配方比例

			百分比
使用油脂	椰子油	100g	20%
	棕櫚油	75g	15%
	橄欖油	125g	25%
	澳洲胡桃油	100g	20%
	葡萄籽油	100g	20%
	合計	**500g**	
鹼水	氫氧化鈉	76g	
	水量	183g	
精油	茶樹精油	6g	
	大西洋雪松精油	6g	
添加物	杏桃核仁顆粒	2g	
	皂液入模總重	**773g**	

性質表

	數值（依照性質改變）	建議範圍（不變）
硬度 Hardness	**34**	29 ～ 54
清潔力 Cleansing	**14**	12 ～ 22
保濕力 Condition	**60**	44 ～ 69
起泡度 Bubbly	**14**	14 ～ 46
穩定度 Creamy	**19**	16 ～ 48
碘價 Iodine	**73**	41 ～ 70
INS 值 INS	**137**	136 ～ 165

methods

操作步驟

STEP 1

準備好所有材料，量好油脂、氫氧化鈉。

STEP 2

使用純水冰塊製作鹼水。

STEP 3

等待鹼水降溫至 35°C 以下，即可將鹼水分 2 ～ 3 次慢慢倒入油脂中，開始攪拌 15 ～ 20 分鐘，直到皂液呈現 light trace 狀。

STEP 4

持續攪拌，直到皂液比 light trace 再濃稠一點時，加入精油，繼續攪拌。

STEP 5

確實將精油攪拌均勻後，將杏桃核仁顆粒倒入皂液中，繼續攪拌至 trace。

STEP 6

入模保溫，等待 2 天後脫模。

配方解碼

這款是非常適合夏天的角質皂，較適合中性肌膚的使用者。**杏桃核仁顆粒**具有天然油脂又能去角質，搭配在手工皂配方中需注意清潔力不能太高，以免整體的去油性太強。

孟孟老師小叮嚀

這配方攪拌過程會比較久，可以在中段（接近 light trace）使用電動攪拌棒，後段用打蛋器與刮刀互相配合，撈出氣泡。過程中不要一次就打到 trace，容易卡氣泡進去而很難敲出，造成皂體中間有空洞，雖然不影響使用，但是會影響美觀。

配方延伸運用

夏季乾性肌、**敏感肌**的配方，可以把雪松精油換成薰衣草精油，杏桃核仁顆粒從 2g 減半到 1g，避免刺激性太高，而造成肌膚不適。

夏季油性肌的配方可以將澳洲胡桃油從 20% 降低到 15%，將椰子油提高到 25%。把清潔力提高，同時也具有澳洲胡桃油的滋潤與葡萄籽油的清爽。

配方比例

使用油脂	百分比
椰子油	25%
棕櫚油	15%
橄欖油	25%
澳洲胡桃油	15%
葡萄籽油	20%

性質表

性質	數值
硬度	36
清潔力	17
保濕力	57
起泡度	17
穩定度	19
碘價	69
INS 值	144

GOOD IDEA

生活小妙方

MENG
MENG

杏桃核仁顆粒如果直接使用在臉部，會刺激性與摩擦性太高，容易令肌膚感到不適。但只要搭配蘆薈膠攪拌，就可以調配出適合自己的去角質凝膠。蘆薈膠的主要功能是：美白、抗發炎、保濕，在去角質的同時又能擁有蘆薈膠的功效，是一舉多得的好物，但是要非常注意杏桃核仁顆粒的使用量喔！

蘆薈去角質凝膠

工具

玻璃攪拌棒
微量秤
酒精
小燒杯
小容量面霜盒

材料

蘆薈膠　10g
杏桃核仁顆粒　0.2g

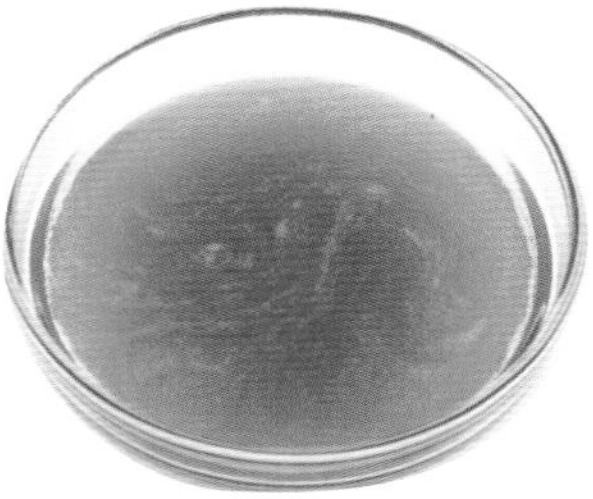

步驟

把所有材料秤量到小燒杯中，攪拌均勻，倒入面霜盒，即可使用。

使用方法

清潔臉部乾淨後，取適量，輕柔按摩於臉部肌膚，可加強鼻子與鼻樑兩側，約 1 ～ 2 分鐘後沖洗乾淨。亦可使用在手肘與膝蓋等角質較厚的部位。

注意事項

此份量約可使用兩次，每次製作時建議製作小容量，避免一次做太多而有保存期限的困擾。

15. 蜂蜜保濕護膚皂

HANDMADE SOAP MENG MENG

功用｜修潤滋養，長幼皆宜

適用｜秋冬季

☑ 乾性肌

☑ 敏感肌

ingredient

配方比例

			百分比
使用油脂	椰子油	90g	18%
	棕櫚油	75g	15%
	榛果油	135g	27%
	小麥胚芽油	125g	25%
	未精製乳油木果脂	75g	15%
	合計	**500g**	
鹼水	氫氧化鈉	72g	
	水量	173g	
精油	馬鬱蘭精油	6g	
	山雞椒精油	3g	
	薰衣草精油	3g	
添加物	蜂蜜	10g	
	皂液入模總重	**767g**	

性質表

	數值（依照性質改變）	建議範圍（不變）
硬度 Hardness	**35**	29 ～ 54
清潔力 Cleansing	**12**	12 ～ 22
保濕力 Condition	**59**	44 ～ 69
起泡度 Bubbly	**12**	14 ～ 46
穩定度 Creamy	**23**	16 ～ 48
碘價 Iodine	**77**	41 ～ 70
INS 值 INS	**125**	136 ～ 165

methods

操作步驟

STEP 1

先從原本算出的水量扣除 20g，與 10g 蜂蜜調勻，製作蜂蜜水備用。

STEP 2

準備好所有材料，融解硬油，量好油脂、氫氧化鈉。

STEP 3

使用 153g 純水冰塊製作鹼水。

STEP 4

等待鹼水降溫至 35°C 以下，即可將鹼水分 2 ～ 3 次慢慢倒入油脂中，開始攪拌 15 ～ 20 分鐘，直到皂液呈現 light trace 狀。

STEP 5

持續攪拌，直到皂液比 light trace 再濃稠一點時，加入精油，繼續攪拌。

STEP 6

觀察皂液，在接近 trace 時加入蜂蜜水，持續攪拌均勻至 trace。

STEP 7

入模保溫，等待 2 天後脫模。

＊ 配方解碼

整體配方的訴求在於希望透過傳統製作的手工皂方式，添加有益臉部肌膚的油品與添加物，因此在油品上，挑選高礦物質含量的**榛果油**以及可以延緩老化肌膚的**小麥胚芽油**。皂體的配方因為小麥胚芽油比例高，質地偏軟，造成硬度不夠，因此加了**乳油木果脂**來調節硬度，做硬度的補充，一方面也能加強修護度的效果。

這樣的配方不但適合臉部清潔，同樣也適合幼兒與年長者。這款皂希望讀者可以晾皂時間再拉長一點，洗感也會比較好喔！

使用蜂蜜入皂的方法

很多製皂者都知道蜂蜜入皂的好處，但是蜂蜜非常黏稠，許多製皂者常常會因為添加蜂蜜而失敗，在這裡提供蜂蜜入皂的注意事項，希望讓製皂者可以大大提高成功率。

以本書配方為例：

1. 嚴格控制蜂蜜用量 = 油量 × 2% 以下，例如：油量 500g × 2%=10g
2. 不宜取出太多水量。把該有的水量取出 20g 調和成蜂蜜水。
3. 勿把蜂蜜直接入皂液攪拌。
4. 蜂蜜水可分 2 ～ 3 次直接倒入原鍋皂液中。
5. 亦可從原鍋皂液先倒出 100g 與蜂蜜水調勻後，再倒回原鍋皂液中一起全部攪拌均勻。

以上小叮嚀都是為了讓蜂蜜入皂後提高成功率的注意事項，操作過程中可以多加留意，把失敗率降到最低，輕鬆享受蜂蜜入皂的溫和保濕效果。

配方延伸運用

製作**冬季**使用的配方時，可使用以下油品，成本低、滋潤與保濕度好、起泡度高，是學員最愛且高貴而不貴的配方之一哦！

配方比例 使用油脂	百分比
椰子油	18%
棕櫚油	15%
橄欖油	27%
甜杏仁油	25%
乳油木果脂	10%
蓖麻油	5%

性質表 性質	數值
硬度	33
清潔力	12
保濕力	64
起泡度	17
穩定度	25
碘價	68
INS 值	137

GOOD IDEA

生活小妙方

MENG
MENG

善加利用手邊做皂的材料，能製作出保濕效果很好的生活保養品。茯苓粉可以在中藥行或是皂用材料店購得；如果手邊沒有絲瓜水，也可以直接使用純水製作。

蜂蜜茯苓美白保濕面膜

工具

小燒杯
玻璃攪拌棒
酒精

材料

蜂蜜　3g
茯苓粉　8g
絲瓜水　10g

步驟

1. 將蜂蜜與絲瓜水先調勻，製作蜂蜜絲瓜水。
2. 把茯苓粉加入蜂蜜絲瓜水中，調勻，即可使用。

使用方法

清潔臉部後，取適量的面膜泥薄敷於臉部與頸部，約 10 ～ 15 分鐘後再用清水沖洗乾淨。

注意事項

油性肌膚的讀者請把蜂蜜減半，茯苓粉可適量增多，避免過度滋潤而長痘痘喔！

16. 檜木香氛皂

功用——享受自然山林香氛，身心都清爽

適用——夏季

所有肌膚

ingredient

配方比例

使用油脂			百分比
	椰子油	100g	20%
	棕櫚油	100g	20%
	橄欖油	150g	30%
	米糠油	75g	15%
	葡萄籽油	50g	10%
	蓖麻油	25g	5%
	合計	**500g**	

鹼水		
	氫氧化鈉	72g
	檜木純露	173g
	皂液入模總重	**745g**

性質表

	數值（依照性質改變）	建議範圍（不變）
硬度 Hardness	**36**	29 ～ 54
清潔力 Cleansing	**14**	12 ～ 22
保濕力 Condition	**61**	44 ～ 69
起泡度 Bubbly	**18**	14 ～ 46
穩定度 Creamy	**27**	16 ～ 48
碘價 Iodine	**71**	41 ～ 70
INS 值 INS	**137**	136 ～ 165

methods

操作步驟

STEP 1

使用檜木純露製作檜木純露冰塊。

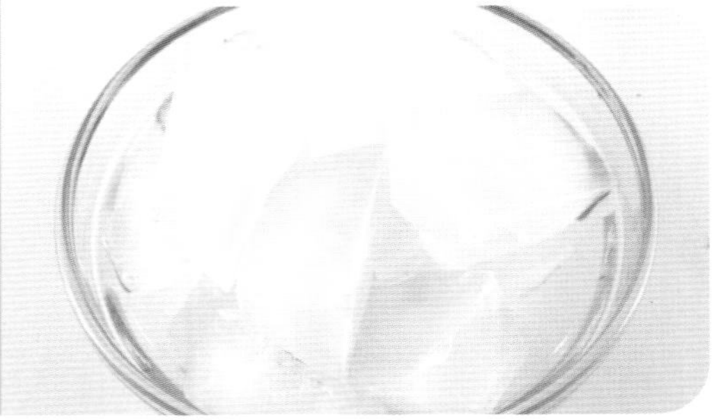

STEP 2

準備好所有材料，量好油脂、氫氧化鈉。

STEP 3

使用檜木純露冰塊製作檜木鹼水。

STEP 4

等待鹼水降溫至 35°C 以下，即可將鹼水分 2 ～ 3 次慢慢倒入油脂中，開始攪拌 15 ～ 20 分鐘，直到皂液呈現 light trace 狀。

STEP 5

觀察皂液，到比 light trace 再濃稠一點時切勿中途停止，繼續攪拌均勻至 trace。

STEP 6

入模保溫，等待 2 天後脫模。

＊ 配方解碼

因為是夏天使用的配方所以清潔力稍微提高，挑選清爽油品，**米糠油**和**葡萄籽油**具有清爽的洗感和特色，正是適合夏天使用的油脂。**檜木純露**很適合夏天使用，融鹼時會有淡淡的檜木味道；即使是使用檜木冰塊融鹼低溫製作，但是攪拌時間不會很長，是能微微加快 trace 速度，且成功率很高的配方。

為了呈現檜木原始的淡淡香氣，選擇不添加精油，成皂後仍會有淡雅的檜木香味。若想要添加精油，可選擇**薰衣草精油**或是**廣藿香精油**。另外，也可以添加**檜木細粉**，好處是可以減少油斑的產生。

配方延伸運用

如果想要提高硬度與修護度，可以把葡萄籽油 10% 換成乳油木果脂 10% 喔！

配方比例

使用油脂	百分比
椰子油	20%
棕櫚油	20%
橄欖油	30%
米糠油	15%
乳油木果脂	10%
蓖麻油	5%

性質表

性質	數值
硬度	39
清潔力	14
保濕力	58
起泡度	18
穩定度	30
碘價	63
INS 值	142

GOOD IDEA

生活小妙方

MENG
MENG

妙方 ① 洗衣服時，可以在浸泡衣物時加入適量的檜木純露浸泡 30 分鐘，除了讓衣服有微微的檜木香氣之外，還能避免蚊蟲接近。

妙方 ② 自製檜木抗菌隨身噴霧，只需要準備 50ml 大的噴瓶，加入檜木純露 45g 與茶樹精油 1g ，混合均勻後即可使用。

17. 無患子細緻沐浴皂

功用｜古早天然的洗淨良方

適用｜夏季

☑ 油性肌

☑ 中偏油性肌

ingredient

配方比例

			百分比
使用油脂	椰子油	125g	25%
	棕櫚油	100g	20%
	橄欖油	165g	33%
	甜杏仁油	75g	15%
	蓖麻油	35g	7%
	合計	**500g**	
鹼水	氫氧化鈉	75g	
	無患子水	179g	
精油	薰衣草精油	4g	
	茶樹精油	3g	
	薄荷精油	5g	
	皂液入模總重	**766g**	

性質表

	數值（依照性質改變）	建議範圍（不變）
硬度 Hardness	**36**	29 ～ 54
清潔力 Cleansing	**17**	12 ～ 22
保濕力 Condition	**60**	44 ～ 69
起泡度 Bubbly	**23**	14 ～ 46
穩定度 Creamy	**26**	16 ～ 48
碘價 Iodine	**62**	41 ～ 70
INS 值 INS	**149**	136 ～ 165

methods

操作步驟

STEP 1

將無患子殼敲破，把殼和籽共 200g 的果肉，加入 1000g 純水於不鏽鋼鍋中。

STEP 2

外鍋放 1 杯米杯的水，按下電鍋蒸煮約 20 分鐘後，悶 40 ～ 60 分鐘，取其水量製作無患子水冰塊，備用。

STEP 3

準備好所有材料，量好油脂、氫氧化鈉。

STEP 4

使用無患子水冰塊製作鹼水。

STEP 5

等待鹼水降溫至 35°C 以下，即可將鹼水分 2 ～ 3 次慢慢倒入油脂中，開始攪拌 15 ～ 20 分鐘，直到皂液呈現 light trace 狀。

STEP 6

持續攪拌，直到皂液比 light trace 再濃稠一點時，加入精油，繼續攪拌均勻至 trace。

STEP 7

入模保溫，等待 2 天後脫模。

＊ 配方解碼

無患子又稱為肥皂果，幼果果實的顏色呈現綠色，成熟後的果實為深褐色。早期使用無患子洗滌衣物是把果實敲破，把殼和果肉分離，取其果肉加一點點水，搓出泡沫洗滌衣物。孟孟記得小時候早晨都會和媽咪到小溪河邊洗衣服，無患子常常掉落在溪邊，孟孟都會把它敲破，和著抹布搓洗一番。在記憶中，無患子就是代表夏季與溪流。利用無患子製作出來的手工皂，洗感溫和且泡沫非常細緻，在肌膚上的觸感既溫潤又滑嫩。無患子本身具有少量的抗菌效果，也可以使皂體保存更久；再挑選**茶樹**與**薄荷精油**與整體配方做抗菌的搭配，最適合不過了。

這是屬於夏天的泡泡沐浴，利用**蓖麻油**的特性，可提高起泡度和保濕力；再搭配**椰子油**強調清潔力也是必要的。

配方延伸運用

亦可以利用清潔力高的椰子油和起泡度高的蓖麻油，製作出泡泡豐富且洗淨力很好的**洗髮皂**。

配方比例

使用油脂	百分比
椰子油	40%
棕櫚油	20%
蓖麻油	20%
山茶花油	20%

性質表

性質	數值
硬度	44
清潔力	27
保濕力	50
起泡度	45
穩定度	35
碘價	47
INS 值	174

18. 廣藿苦楝鎮定皂

功用｜清爽抗菌，兼顧鎮定肌膚

適用｜夏季

☑ 所有肌膚

ingredient

配方比例

			百分比
使用油脂	椰子油	110g	22%
	棕櫚油	90g	18%
	橄欖油	125g	25%
	精緻酪梨油	75g	15%
	葵花油	50g	10%
	葡萄籽油	50g	10%
	合計	**500g**	
鹼水	氫氧化鈉	73g	
	苦楝汁	175g	
精油	廣藿香精油	7g	
	茶樹精油	5g	
	皂液入模總重	**760g**	

性質表

	數值（依照性質改變）	建議範圍（不變）
硬度 Hardness	**36**	29 ～ 54
清潔力 Cleansing	**15**	12 ～ 22
保濕力 Condition	**60**	44 ～ 69
起泡度 Bubbly	**15**	14 ～ 46
穩定度 Creamy	**21**	16 ～ 48
碘價 Iodine	**72**	41 ～ 70
INS 值 INS	**137**	136 ～ 165

methods

操作步驟

STEP 1

摘取新鮮苦楝葉約 100g，倒入純水蓋過植物，先將其煮沸後轉為中小火熬煮約半小時，關火待涼，過濾葉片後，取其水量製作苦楝汁冰塊，備用。

STEP 2

準備好所有材料，量好油脂、氫氧化鈉。

STEP 3

使用苦楝汁冰塊製作鹼水。

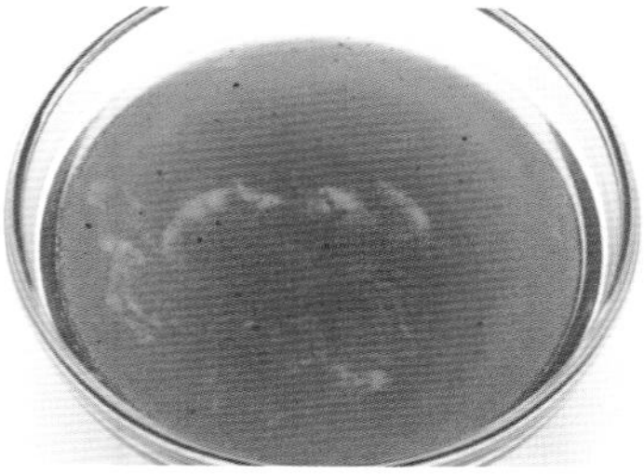

STEP 4

等待鹼水降溫至 35°C 以下，即可將鹼水分 2 ～ 3 次慢慢倒入油脂中，開始攪拌 15 ～ 20 分鐘，直到皂液呈現 light trace 狀。

STEP 5

持續攪拌，直到皂液比 light trace 再濃稠一點時，加入精油，繼續攪拌均勻至 trace。

STEP 6

入模保溫，等待 2 天後脫模。

＊ 配方解碼

這款皂方沒有高清潔力，卻以夏季清爽配方為主，兼顧保濕力，很適合皮膚較脆弱或年紀較小的兒童使用，甚至適合肌膚乾燥與需要適當清潔的長輩。夏天氣溫溫度高，病菌傳染力強，基底水量使用**苦楝汁**是要加強抗菌，再搭配**茶樹精油**，達到從裡到外的抗菌效果。水量用苦楝汁，製作過程中 trace 速度會比較快，所以要準備好精油，避免慌亂而忘記該添加的材料。

雖然苦楝油顏色深，會影響到成皂的顏色，但是單純使用苦楝汁當作水量融鹼，而不用苦楝油的話，皂條的顏色不但不會變成褐色，而會是氣質高雅的淡鵝黃色。如果不介意苦楝油的味道和成皂顏色，也可以把本配方中的葵花油換成苦楝油。

配方延伸運用

如果想以原來配方提高保濕力，可以把葡萄籽油換成芥花油，其性質如下：

配方比例

使用油脂	百分比
椰子油	22%
棕櫚油	18%
橄欖油	25%
精緻酪梨油	15%
葵花油	10%
芥花油	10%

性質表

性質	數值
硬度	36
清潔力	15
保濕力	60
起泡度	15
穩定度	21
碘價	70
INS 值	136

兒童專屬的苦楝母乳皂

GOOD IDEA
MENG MENG

曾經在課堂上與學員討論過兒童的皮膚問題，想要製作母乳皂，剛好手邊有多餘的苦楝汁，於是提供以下方法以及現有的苦楝汁請學員帶回試做皂款，沒想到使用後的效果得到非常高的評價，成為學員家中絕對不能間斷的皂款。苦楝母乳皂和本作品的配方相同，對於肌膚的鎮定與溫和性有很高的效用。製作方法是用二次融鹼的方式先做好鹼水：

1. 先算出水量的一半用苦楝汁融鹼，確實融鹼後等待降溫。
2. 確定降溫後，再將剩餘一半的水量用母乳冰塊慢慢倒入苦楝鹼水中，並確實融解完畢。
3. 再次等待降溫到 35°C 以下，再油鹼混合，製作出苦楝母乳皂。

19. 茶樹苦楝修護皂

功用——抗敏、止癢又消炎，異位性皮膚炎專用

適用——乾性肌　敏感肌

ingredient

配方比例

			百分比
使用油脂	椰子油	100g	20%
	棕櫚油	110g	22%
	橄欖油	75g	15%
	苦楝油	125g	25%
	摩洛哥堅果油	50g	10%
	蓖麻油	40g	8%
	合計	**500g**	
鹼水	氫氧化鈉	71g	
	茶樹純露	71g	
	苦楝汁	71g	
精油	茶樹精油	5g	
	尤加利精油	3g	
	廣藿香精油	4g	
	迷迭香精油	3g	
	皂液入模總重	**728g**	

性質表

	數值（依照性質改變）	建議範圍（不變）
硬度 Hardness	**41**	29 ～ 54
清潔力 Cleansing	**14**	12 ～ 22
保濕力 Condition	**56**	44 ～ 69
起泡度 Bubbly	**21**	14 ～ 46
穩定度 Creamy	**34**	16 ～ 48
碘價 Iodine	**61**	41 ～ 70
INS 值 INS	**147**	136 ～ 165

methods

操作步驟

STEP 1

摘取新鮮苦楝葉約 100g，倒入純水蓋過植物，先將其煮沸後轉為中小火熬煮約半小時，關火待涼，過濾葉片後，取其水量製作苦楝汁冰塊，備用。

STEP 2

使用茶樹純露製作茶樹純露冰塊。

STEP 3

準備好所有材料，量好油脂、氫氧化鈉。

STEP 4

使用苦楝汁冰塊＋茶樹純露冰塊製作鹼水。

STEP 5

等待鹼水降溫至 35°C 以下，即可將鹼水分 2 ～ 3 次慢慢倒入油脂中，開始攪拌 15 ～ 20 分鐘，直到皂液呈現 light trace 狀。

STEP 6

持續攪拌，直到皂液比 light trace 狀再濃稠一點時，加入精油，繼續攪拌均勻至 trace。

STEP 7

入模保溫，等待 2 天後脫模。

✽ 配方解碼

這款配方主要針對異位性皮膚炎所設計。在不知情而使用了過多化學清潔劑的環境中，肌膚負擔越來越重；加上環境中的細菌、真菌與塵，或是汗水，也容易引發搔癢，或使肌膚抗敏功能降低，這些因素都有可能引發異位性皮膚炎。加強保水、修護，以及強化皮膚抗過敏的功能，正是設計適用異位性皮膚炎的配方時最重要的考量。

氫氧化鈉用量特意減鹼 2%，以求溫和不刺激。**苦楝油**是苦楝樹的種仁萃取物，外用於人體皮膚上有抗黴、抗病毒、減少細菌感染的功能。苦楝油雖然味道嗆鼻不討喜，但含有特殊的印楝素（Azadirachtin），且具有止癢與消炎的效果，對異位性皮膚炎有優異的舒緩效果。而且晾皂後其味道較淡，加上特地選用**廣藿香精油**來平衡味道，也有利於作品香氛呈現的平衡感。

孟孟老師小叮嚀

與上一款「廣藿苦楝鎮定皂」的差異在於，此款使用苦楝油加強配方中印楝素枝成分與成效。洗感上「廣藿苦楝鎮定皂」保濕力優於「茶樹苦楝修護皂」，讀者們可以依照季節與肌膚當時的情況，挑選適合的配方製皂。

鄉間裡的苦楝樹

GOOD IDEA

生活小妙方

MENG MENG

本配方中的精油賦香搭配以抗菌油脂平衡為主，取用每一款最重要的功效，為防疫生活提升健康保護力。此調配之複方精油具有優良的殺菌功效，其中屬**尤加利精油**與**茶樹精油**最佳；清潔肌膚上則以**廣藿香精油**為主，該款精油不僅抗菌功能與茶樹精油不相上下，還具有細胞組織修復再生與淡化皺紋功效，對於因異位性皮膚炎而受傷的肌膚也有緩解的效果；至於**迷迭香精油**則具有平衡肌膚油脂、加強新陳代謝的功效。

本配方所搭配使用的這四款精油，可用於居家環境消毒、芳香噴霧，或在清潔衣物時添加數滴，皆對肌膚無傷害。以下列舉該複方精油運用於生活中：

① 地板拖地時滴入數滴，同時清潔殺菌
② 製作居家 / 隨身抗菌噴霧
③ 可與清潔劑一起加入洗衣機中清潔衣物，同時消毒殺菌
④ 可添加於抗菌舒緩精油膏之精油配方
⑤ 澡時可滴數滴該配方複方精油與薰衣草精油於水中，享受薰衣草精油舒緩香氛並同時殺菌

20. 大堡礁抗痘平衡舒緩皂

功用——清潔、平衡、控油三重奏

適用——夏季

☑ 油性肌

☑ 中偏油性肌

ingredient

配方比例

			百分比
使用油脂	椰子油	110g	22%
	棕櫚油	115g	23%
	橄欖油	75g	15%
	山茶花油	125g	25%
	甜杏仁油	50g	10%
	蓖麻油	25g	5%
	合計	**500g**	

鹼水	氫氧化鈉	72g
	茶樹純露	144g
精油	茶樹精油	4g
	迷迭香精油	3g
	玫瑰天竺葵精油	4g
	檸檬精油	4g
添加物	大堡礁深海泥	10g
	皂液入模總重	**741g**

性質表

	數值 （依照性質改變）	建議範圍 （不變）
硬度 Hardness	**41**	29 ～ 54
清潔力 Cleansing	**14**	12 ～ 22
保濕力 Condition	**56**	44 ～ 69
起泡度 Bubbly	**21**	14 ～ 46
穩定度 Creamy	**34**	16 ～ 48
碘價 Iodine	**61**	41 ～ 70
INS 值 INS	**147**	136 ～ 165

methods

操作步驟

STEP 1

- 準備好油量 × 2% 重量的大堡礁泥 ＝ 500 × 2% ＝ 10g。
- 依計算所知，該配方需要水量 144g，從該水量中取出與大堡礁泥相同重量的 10g 茶樹純露，以 1：1 先混合攪拌均勻，備用。

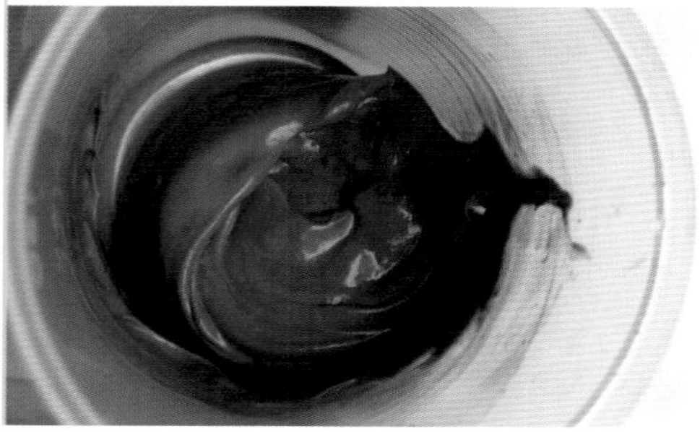

STEP 2

準備好所有材料，量好油脂、氫氧化鈉。

STEP 3

使用 134g 茶樹純露冰塊製作鹼水。

STEP 4

等待鹼水降溫至 35°C 以下，即可將鹼水分 2 ～ 3 次慢慢倒入油脂中，開始攪拌 15 ～ 20 分鐘，直到皂液呈現 light trace 狀。

STEP 5

持續攪拌，直到皂液比 light trace 再濃稠一點時，加入精油，繼續攪拌。

STEP 6

取出 100g 皂液，與備好的大堡礁混合泥 20g 混合均勻，再倒入原鍋皂液中，整鍋攪拌均勻至 trace。

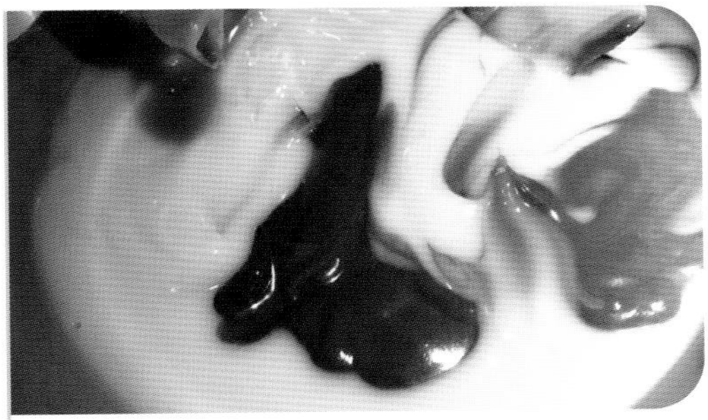

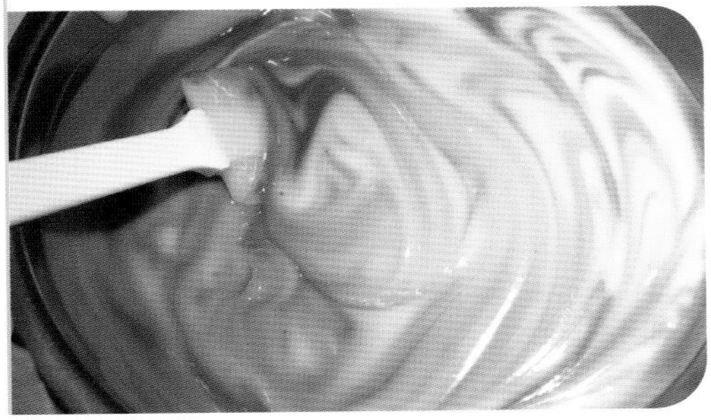

STEP 7

入模保溫，等待 2 天後脫模。

＊ 配方解碼

整體配方以清潔後清爽不黏膩為主，搭配原則以抗痘及抑制粉刺為想法，因此在原料選擇中盡量以抗痘功效佳的茶樹系列為主。但考慮到晾皂過程中**茶樹精油**容易揮發，所以再從添加物與水量的運用加強搭配，會更強化整體的功效。**茶樹純露**可收斂毛孔、控油，並且有助於平衡肌膚分泌的油脂，搭配於手工皂中可有效減緩痘痘生長。

大堡礁深海泥含有多種純淨元素，有抑制粉刺、抗皺、保濕的功效。添加**迷迭香精油**與**玫瑰天竺葵精油**，都具有平衡油脂分泌以及緊實肌膚的功效，各方原料交互加乘後，於痘痘肌、油性肌與粉刺肌膚都是不錯的選擇。

Handmade Soap

HANDMADE SOAP

MENG MENG

PART 4

寶貝呵護皂

21. 金盞花母乳低敏皂

功用——豐富營養、滋潤寶寶肌膚

適用——秋冬季

- ☑ 乾性肌
- ☑ 敏感肌

ingredient

配方比例

			百分比
使用油脂	棕櫚核仁油	90g	18%
	棕櫚油	75g	15%
	杏桃核仁油	125g	25%
	橄欖油	110g	22%
	乳油木果脂	75g	15%
	蓖麻油	25g	5%
	合計	**500g**	
鹼水	氫氧化鈉	69g	
	金盞花汁	83g	
	母乳冰塊*	83g	
精油	薰衣草精油	6g	
	羅馬洋甘菊精油	6g	
	皂液入模總重	**747g**	

* 可用牛奶、羊奶代替母乳

性質表

	數值 （依照性質改變）	建議範圍 （不變）
硬度 Hardness	33	29 ～ 54
清潔力 Cleansing	12	12 ～ 22
保濕力 Condition	65	44 ～ 69
起泡度 Bubbly	16	14 ～ 46
穩定度 Creamy	26	16 ～ 48
碘價 Iodine	68	41 ～ 70
INS 值 INS	131	136 ～ 165

methods

操作步驟

STEP 1

將 100g 金盞花與 500g 純水煮沸後再用小火煮約 10 分鐘，過濾葉渣後，取其水量製作金盞花汁冰塊，備用。

STEP 2

乳油木果脂先與棕櫚核仁油、棕櫚油加熱融解後，等待降溫到 35°C 以下，備用。

STEP 3

使用母乳製作母乳冰塊。

STEP 4

準備好所有材料，量好油脂、氫氧化鈉。

STEP 5

將氫氧化鈉 69g 緩慢加入 83g 的金盞花汁冰塊，製作第一次鹼水。

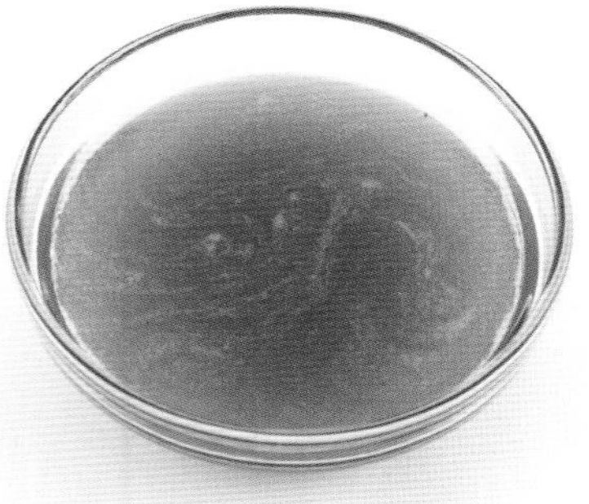

STEP 6

等待鹼水降溫至 35°C 以下，再將 83g 的母乳冰塊慢慢加入到鹼水中。

STEP 7

再次等待鹼水降溫至 35°C 以下，即可將鹼水分 2 ～ 3 次慢慢倒入油脂中，開始慢慢攪拌 15 ～ 20 分鐘，直到皂液呈現 light trace 狀。

STEP 8

持續攪拌，直到皂液比 light trace 再濃稠一點時，加入精油，繼續攪拌均勻至 trace。

STEP 9

入模保溫，等待 2 天後脫模。

＊ 配方解碼

金盞花汁與母乳相較起來，**母乳**的養分比較多，所以先用金盞花汁與氫氧化鈉製作第一次的鹼水。本款皂方主要是給寶寶或是需要高滋潤度的使用者，所以油脂搭配上挑選**棕櫚核仁油**代替椰子油，是既保有清潔力也擁有硬度的椰子油最佳替代油品。

另外再刻意挑選**杏桃核仁油**，它富有高度的營養，適合敏感性肌膚與乾燥肌膚，尤其適合在冬天做主要的油脂配方。杏桃核仁油跟甜杏仁油很相似，但是價格比甜杏仁油高，可是兩者都具有相似的功能。

配方延伸運用

如果沒有杏桃核仁油的讀者，可以直接使用**甜杏仁油**代替喔！性質上保濕力從 65 降到 64，基本上性質不會差太多。

配方比例

使用油脂	百分比
棕櫚核仁油	18%
棕櫚油	15%
甜杏仁油	25%
橄欖油	22%
乳油木果脂	15%
蓖麻油	5%

性質表

性質	數值
硬度	32
清潔力	12
保濕力	64
起泡度	16
穩定度	26
碘價	68
INS 值	132

22. 甜杏仁馬賽親膚皂

HANDMADE SOAP
MENG MENG

功用

溫和保濕不過敏

適用

冬季

乾性肌

敏感肌

ingredient

配方比例

			百分比
使用油脂	椰子油	50g	10%
	可可脂	90g	18%
	甜杏仁油	300g	60%
	橄欖油	60g	12%
	合計	**500g**	
鹼水	氫氧化鈉	71g	
	羊奶冰塊*	170g	
精油	薰衣草精油	12g	
	皂液入模總重	**753g**	

*可用母乳、牛奶代替

性質表

	數值（依照性質改變）	建議範圍（不變）
硬度 Hardness	**25**	29 ～ 54
清潔力 Cleansing	**7**	12 ～ 22
保濕力 Condition	**71**	44 ～ 69
起泡度 Bubbly	**7**	14 ～ 46
穩定度 Creamy	**18**	16 ～ 48
碘價 Iodine	**77**	41 ～ 70
INS 值 INS	**125**	136 ～ 165

methods

操作步驟

STEP 1

使用羊奶製作羊奶冰塊，備用。

STEP 2

準備好所有材料，融解硬油，量好油脂、氫氧化鈉。

STEP 3

使用羊奶冰塊製作鹼水。

STEP 4

等待鹼水降溫至 35°C 以下，即可將鹼水分 2 ～ 3 次慢慢倒入油脂中，開始攪拌 15 ～ 20 分鐘，直到皂液呈現 light trace 狀。

STEP 5

繼續攪拌，直到皂液比 light trace 再濃稠一點時，加入精油，繼續攪拌均勻至 trace。

STEP 6

入模保溫，等待 2 天後脫模。

✻ 配方解碼

這配方是由傳統的馬賽皂配方比例來作改良，傳統配方中椰子油占 10%，棕櫚油占 18% ，合計比例為 28%。

把棕櫚油換成**可可脂**，在保濕度上確實提高不少，但是清潔力不變，畢竟手工皂是屬於清潔用品，即使是很溫和的滋潤配方，還是需要些許的清潔力才適當。相對的，硬度降低較多，使用時容易感到軟爛，建議使用後要放置乾燥處或是將皂體立起來風乾，才能延長使用時間。

🔔 孟孟老師小叮嚀

這配方硬度本來就低，攪拌時間會比一般皂款久，可以在攪拌約 15 ～ 20 分鐘後用電動攪拌棒高速攪拌一下，不要直接用電動攪拌棒就打到 trace，觀察皂液濃稠度比 light trace 再濃稠一點，但是尚未達到 trace 的濃度，就可以停止使用電動攪拌棒，再繼續用手打，以及配合刮刀把鍋邊和皂液中的空氣刮出來，才不會讓空氣卡在皂液中。

傳統馬賽皂配方

配方比例

使用油脂	百分比
椰子油	10%
棕櫚油	18%
橄欖油	72%

性質表

性質	數值
硬度	29
清潔力	7
保濕力	69
起泡度	7
穩定度	22
碘價	72
INS 值	128

配方延伸運用

課堂上曾經做過一款利用**乳油木果脂**製作接近馬賽皂的配方，配方油脂貴氣，成皂品質又素雅，深受學員們的喜愛。因為台灣南部的天氣較熱，比較需要清潔力稍高的特色，於是提高椰子油讓清潔力增加，也同時擁有滋潤與修護的效果。

配方比例

使用油脂	百分比
橄欖油	45%
乳油木果脂	22%
椰子油	18%
棕櫚油	15%

性質表

性質	數值
硬度	39
清潔力	12
保濕力	58
起泡度	12
穩定度	27
碘價	61
INS 值	141

● 如果不需要那麼高的清潔力，讀者可以將椰子油比例降低到 15%，乳油木果脂略升至 25%。

23. 羊奶苦橙保濕皂

HANDMADE SOAP
MENG MENG

功用——滋養肌膚，保濕優等生

適用——

- ☑ 中性肌
- ☑ 中偏乾性肌

ingredient

配方比例

			百分比
使用油脂	椰子油	90g	18%
	棕櫚油	100g	20%
	橄欖油	175g	35%
	澳洲胡桃油	60g	12%
	榛果油	50g	10%
	蓖麻油	25g	5%
	合計	**500g**	
鹼水	氫氧化鈉	73g	
	黑糖水	87g	
	羊奶冰塊*	87g	
精油	苦橙葉精油	4g	
	玫瑰天竺葵	4g	
	山雞椒精油	4g	
	皂液入模總重	**759g**	

* 可用母乳、牛奶代替

性質表

	數值（依照性質改變）	建議範圍（不變）
硬度 Hardness	**33**	29 ～ 54
清潔力 Cleansing	**12**	12 ～ 22
保濕力 Condition	**61**	44 ～ 69
起泡度 Bubbly	**17**	14 ～ 46
穩定度 Creamy	**25**	16 ～ 48
碘價 Iodine	**65**	41 ～ 70
INS 值 INS	**141**	136 ～ 165

methods

操作步驟

STEP 1

將 8g 黑糖與 87g 純水混合攪拌均勻，製作黑糖水。

STEP 2

準備好所有材料，量好油脂、氫氧化鈉。

STEP 3

將氫氧化鈉 73g 緩慢加入 87g 的黑糖水，製作第一次鹼水。

STEP 4

等待鹼水降溫至 35°C 以下，再將 87g 的羊奶冰塊慢慢加入到鹼水中。

STEP 5

再次等待鹼水降溫至 35°C 以下，即可將鹼水分 2 ～ 3 次慢慢倒入油脂中，開始慢慢攪拌 15 ～ 20 分鐘，直到皂液呈現 light trace 狀。

STEP 6

持續攪拌，直到皂液比 light trace 再濃稠一點時，加入精油，繼續攪拌均勻至 trace。

STEP 7

入模保溫，等待 2 天後脫模。

＊ 配方解碼

製作黑糖羊奶鹼水時，需要降溫慢慢地加入羊奶去融鹼，溫度太高的話容易產生顆粒，在油鹼混合前若發現顆粒，需要先過篩後再油鹼混合。**黑糖**對肌膚有保濕、促進新陳代謝、去除老廢角質的效果，搭配**澳洲胡桃油**與**榛果油**，讓整體配方保濕度與功效大大加分。

此款配方容易有細微小氣泡，因此攪拌過程當中，除了要配合刮刀之外，切勿過於用力快速攪拌而把空氣打進去，可避免成皂後的皂體有空洞或是氣泡無法敲出。

配方延伸運用

平常製作作品時可以針對特殊需求改變，例如想要修正成為**乾性肌**或是皮膚比較需要修護的配方，就可以用**乳油木果脂**來代替澳洲胡桃油。

配方比例

使用油脂	百分比
椰子油	17%
棕櫚油	20%
橄欖油	40%
乳油木果脂	13%
榛果油	10%

性質表

性質	數值
硬度	37
清潔力	12
保濕力	60
起泡度	12
穩定度	25
碘價	64
INS 值	139

另外，還有使用**芥花油**提高保濕度，降低成本的配方：

配方比例

使用油脂	百分比
椰子油	17%
棕櫚油	20%
橄欖油	40%
芥花油	13%
榛果油	10%

性質表

性質	數值
硬度	32
清潔力	12
保濕力	65
起泡度	12
穩定度	20
碘價	70
INS 值	132

24. 優格滋潤嫩膚皂

HANDMADE SOAP
MENG MENG

功用｜呵護敏感肌，加強保濕

適用｜秋冬季

✓ 乾性肌

✓ 敏感肌

ingredient

配方比例

			百分比
使用油脂	棕櫚核仁油	85	17%
	棕櫚油	115g	23%
	甜杏仁油	125g	25%
	乳油木果脂	100g	20%
	荷荷芭油	50g	10%
	蓖麻油	25g	5%
	合計	**500g**	

鹼水	氫氧化鈉	69g
	水量	166g
精油	甜橙精油	5g
	玫瑰天竺葵	8g
添加物	蛋黃	15g
	原味優格	15g
	皂液入模總重	**778g**

性質表

	數值（依照性質改變）	建議範圍（不變）
硬度 Hardness	**35**	29 ～ 54
清潔力 Cleansing	**11**	12 ～ 22
保濕力 Condition	**53**	44 ～ 69
起泡度 Bubbly	**16**	14 ～ 46
穩定度 Creamy	**28**	16 ～ 48
碘價 Iodine	**65**	41 ～ 70
INS 值 INS	**125**	136 ～ 165

methods
操作步驟

STEP 1

先將甜杏仁油 125g 中取 15g ，與一顆蛋黃攪拌均勻，備用。

STEP 2

乳油木果脂先與棕櫚核仁油、棕櫚油加熱融解後，等待降溫到 35°C 以下，備用。

STEP 3

準備好所有材料，量好油脂、氫氧化鈉。

STEP 4

使用純水冰塊製作鹼水。

STEP 5

等待鹼水降溫至 35°C 以下，即可將鹼水分 2 ～ 3 次慢慢倒入油脂中，開始攪拌 15 ～ 20 分鐘，直到皂液呈現 light trace 狀。

STEP 6

攪拌到 light trace 時，加入 15g 優格，攪拌均勻後，再加入精油，持續攪拌。

STEP 7

當皂液更濃稠一點時，再加入攪拌好的甜杏仁蛋黃油，繼續攪拌均勻至 trace。

STEP 8

入模保溫，等待 2 天後脫模。

* 配方解碼

這配方的滋潤度非常好，適合乾性、敏感或脆弱的肌膚，以及秋冬使用，比較不適合油性肌膚夏天使用。**蛋黃**含有豐富的卵磷脂與抗氧化劑，對肌膚有很強的保濕作用，尤其是乾性肌膚的讀者，可以用這皂方當洗面皂或是沐浴皂。添加**優格**可讓皂體洗起來溫潤又不失滋養感，整體舒服溫和，兩者搭配起來是具有豐富內涵的超級好皂喔！

25. 紫草芝麻修護皂

功用

滋潤修護雙效！改善粗糙手感

適用

中性肌

中偏乾性肌

ingredient

配方比例

			百分比
使用油脂	椰子油	90g	18%
	橄欖油	160g	32%
	乳油木果脂	75g	15%
	可可脂	75g	15%
	紫草浸泡黑芝麻油	100g	20%
	合計	**500g**	
鹼水	氫氧化鈉	72g	
	水量	173g	
精油	薰衣草精油	4g	
	羅馬洋甘菊精油	4g	
	廣藿香精油	4g	
添加物	蛋黃油	15g	
	皂液入模總重	**772g**	

性質表

	數值 （依照性質改變）	建議範圍 （不變）
硬度 Hardness	**39**	29 ～ 54
清潔力 Cleansing	**12**	12 ～ 22
保濕力 Condition	**58**	44 ～ 69
起泡度 Bubbly	**12**	14 ～ 46
穩定度 Creamy	**27**	16 ～ 48
碘價 Iodine	**65**	41 ～ 70
INS 值 INS	**137**	136 ～ 165

methods

操作步驟

STEP 1

準備好所有材料，融解硬油，量好油脂、氫氧化鈉。

STEP 2

使用純水冰塊製作鹼水。

STEP 3

等待鹼水降溫至 35°C 以下，即可將鹼水分 2 ～ 3 次慢慢倒入油脂中，開始攪拌 15 ～ 20 分鐘，直到皂液呈現 light trace 狀。

STEP 4

觀察皂液比 light trace 再濃稠一點時，依序加入蛋黃油和精油，繼續攪拌均勻至 trace。

STEP 5

入模保溫，等待 2 天後脫模。

＊ 配方解碼

紫草浸泡黑芝麻油最常出現在紫草膏的材料中，每次浸泡完的藥材真不知道該如何處理，剩餘的一點點浸泡油如果直接丟棄實在可惜，這次把它編入配方材料中，正好運用在修護系列的皂款裡。

基本上此配方操作過程不會太久，不過因融解硬油的關係，需低溫製作，盡量避免加速 trace；增加操作過程時間，讓皂液可以攪拌得更均勻。做好的皂條會有點黑芝麻油的味道，晾皂一陣子後味道會變淡，雖然不會完全消失，但洗完澡後是完全沒有味道的，請放心使用。

蛋黃油是我很依賴來改善粗糙手部重要的護膚用油，蛋黃油主要成分是卵磷脂，是人體細胞很重要的營養素。如果設計在手工皂配方用油中，其亞麻油酸高，不適合加入高比例，可搭配**乳油木果脂**一起做修護皂款。另外也可以單純使用蛋黃油來塗抹雙手，達到滋潤與修護的效果，可以有效改善富貴手的困擾喔！

26. 阿勒坡月桂抗菌皂

功用——舒緩異位性皮膚炎經典配方

適用——冬季

☑ 乾性肌

☑ 敏感肌

ingredient

配方比例

			百分比
使用油脂	棕櫚核仁油	50g	10%
	棕櫚油	50g	10%
	橄欖油	250g	50%
	月桂果油	150g	30%
	合計	**500g**	
鹼水	氫氧化鈉	70g	
	水量	167g	
精油	薰衣草精油	12g	
	皂液入模總重	**749g**	

性質表

	數值 （依照性質改變）	**建議範圍** （不變）
硬度 Hardness	**34**	29 ～ 54
清潔力 Cleansing	**14**	12 ～ 22
保濕力 Condition	**65**	44 ～ 69
起泡度 Bubbly	**14**	14 ～ 46
穩定度 Creamy	**19**	16 ～ 48
碘價 Iodine	**72**	41 ～ 70
INS 值 INS	**127**	136 ～ 165

methods

操作步驟

STEP 1

備好所有材料，量好油脂、氫氧化鈉。

STEP 2

使用純水冰塊製作鹼水。

STEP 3

等待鹼水降溫至 35°C 以下，即可將鹼水分 2 ～ 3 次慢慢倒入油脂中，開始攪拌，直到皂液呈現 light trace 狀。

STEP 4

約莫幾分鐘，皂液就會呈現 light trace 狀，此時趕緊加入精油。

STEP 5

盡量將精油攪拌均勻後，換用刮刀，攪拌到 trace。

STEP 6

入模保溫，等待 2 天後打開保溫箱，先不脫模，只需拿出皂模放在室內空間。

STEP 7

大約 3 天後再脫模，皂條會比較完整。

✻ 配方解碼

本配方從傳統阿勒坡古皂改良而成，些許的清潔力與硬度共存，比較能符合清潔的功能。傳統的阿勒坡古皂配方是：橄欖油 65% 十月桂果油 35%。**月桂果油**中含有大量的月桂酸，而月桂酸有抗菌保濕的功效：再搭配上大量的橄欖油，也讓整體配方的保濕力更升級。

有脂漏性與異位性皮膚炎問題的人，大部分都有肌膚乾燥的困擾，而加上台灣氣候又偏向悶熱潮濕，肌膚問題就更容易發作。這款皂方有適當的清潔力與保濕力，不但清潔肌膚同時又能達到舒緩，可說是有上述肌膚困擾者的福音。

配方中只要加入月桂果油就會很快 trace，添加的比例越高，trace 的速度就越快，是一種不易操作的油品。我曾經加了 50% 月桂果油，攪拌不到兩分鐘就得入模，且幾乎攪不動了。因此在製作過程中，除了油鹼要盡量低溫製作外，混合前也要把油鍋的所有油脂稍微混合攪拌一下，避免已經沉到底的月桂果油一碰到鹼水就凝固。當發現已經接近 trace 的濃稠度時，馬上換用刮刀把空氣刮出來，把鍋邊的皂液刮下盡量混合均勻，才入模。

加入高比例的橄欖油與月桂果油，本身皂體的硬度就很低、偏軟，晾皂期需要 2.5

個月以上，洗起來才會真的舒適，甚至晾皂期需要拉長到半年呢！也因為晾皂期很久，當讀者在製作這類的肥皂時需要考慮與計算使用的季節，例如：秋天要製作春天的皂款、夏天要為冬天儲糧，這樣才可以不間斷的用到當季適合款式。若想要一年四季都可以感受到月桂果油的呵護，也要留意因應季節而改變比例，才能得到專屬於自己的黃金配方哦！

配方延伸運用

針對**乾性與問題肌膚的春夏季**使用配方：

配方比例

使用油脂	百分比
椰子油	18%
棕櫚油	15%
橄欖油	47%
月桂果油	20%

性質表

性質	數值
硬度	38
清潔力	17
保濕力	59
起泡度	17
穩定度	21
碘價	65
INS 值	142

27. 小白花母乳寶貝皂

功用｜減少老化皺紋

適用｜冬季

✓ 乾性肌

ingredient

配方比例

			百分比
使用油脂	棕櫚核仁油	90g	18%
	棕櫚油	100g	20%
	橄欖油	150g	30%
	杏桃核仁油	100g	20%
	小白花籽油	60g	12%
	合計	**500g**	
鹼水	氫氧化鈉	69g	
	母乳冰塊*	165g	
精油	檸檬精油	2g	
	苦橙葉精油	3g	
	薰衣草精油	7g	
	皂液入模總重	**746g**	

* 可用牛奶、羊奶代替母乳

性質表

	數值（依照性質改變）	建議範圍（不變）
硬度 Hardness	**30**	29 ～ 54
清潔力 Cleansing	**12**	12 ～ 22
保濕力 Condition	**68**	44 ～ 69
起泡度 Bubbly	**12**	14 ～ 46
穩定度 Creamy	**18**	16 ～ 48
碘價 Iodine	**71**	41 ～ 70
INS 值 INS	**129**	136 ～ 165

methods

操作步驟

STEP 1

準備好所有材料，融解硬油，量好油脂、氫氧化鈉。

STEP 2

使用母乳冰塊製作鹼水。

STEP 3

等待鹼水降溫至 35°C 以下，即可將鹼水分 2 ～ 3 次慢慢倒入油脂中，開始攪拌 15 ～ 20 分鐘，直到皂液呈現 light trace 狀。

STEP 4

繼續攪拌，直到皂液比 light trace 再濃稠一點時，加入精油，繼續攪拌均勻至 trace。

STEP 5

入模保溫，等待 2 天後脫模。

＊ 配方解碼

小白花籽油是少見的皂用油，滋潤保濕、清爽不油膩，可減少皺紋產生，含有豐富的養分。而且它還是穩定性非常好的油脂，保存過程中不會輕易產生油耗味，搭配在手工皂配方中可以大大提升成皂的穩定性；加上晾皂環境好的話，即使放上幾年變質的機率也很低。如果運用超脂技巧時，有良好的穩定性，也不怕油斑產生太快，所以我喜歡拿小白花籽油製作潤膚油的配方。

本款主要給親愛的寶貝使用，整體配方強調溫和保濕，刻意降低清潔力，並拉高其餘軟油的特性，來達到溫和的洗感。精油搭配也以溫和舒服為主軸，善用**薰衣草精油**的特性且高比例添加；但是在氣味上不想過於單調，於是選擇再加上**苦橙葉精油**，讓散發出的味道更持續且夾帶著木質香。再以**母乳**溫潤的性質，代替水量製作鹼水，更進一步強調對親愛寶貝的呵護。

配方延伸運用

杏桃核仁油和甜杏仁油是很相似的油脂，功能也很接近，但是甜杏仁油的價格比較親民，若製作時手邊沒有杏桃核仁油，當然首選代替油就是**甜杏仁油**了。

代替後的性質，保濕力由 68 降到 67，數據上確實沒有太大的差異，可以達到接近且相似的配方效果，是一款很實用的油脂喔！

配方比例

使用油脂	百分比
棕櫚核仁油	18%
棕櫚油	20%
橄欖油	30%
甜杏仁油	20%
小白花籽油	12%

性質表

性質	數值
硬度	30
清潔力	12
保濕力	67
起泡度	12
穩定度	18
碘價	71
INS 值	130

28. 乳木榛果低敏皂

HANDMADE SOAP
MENG MENG

功用

温和柔軟肌膚、降低發紅敏感

適用

冬季

- 中偏乾性肌
- 乾性肌

ingredient

配方比例

			百分比
使用油脂	椰子油	90g	18%
	橄欖油	135g	27%
	榛果油	100g	20%
	乳油木果脂	100g	20%
	亞麻仁油	75g	15%
	合計	**500g**	
鹼水	氫氧化鈉	72g	
	水量	173g	
精油	玫瑰天竺葵	7g	
	羅馬洋甘菊精油	5g	
	皂液入模總重	**757g**	

性質表

	數值 （依照性質改變）	建議範圍 （不變）
硬度 Hardness	**31**	29 ～ 54
清潔力 Cleansing	**12**	12 ～ 22
保濕力 Condition	**65**	44 ～ 69
起泡度 Bubbly	**12**	14 ～ 46
穩定度 Creamy	**19**	16 ～ 48
碘價 Iodine	**83**	41 ～ 70
INS 值 INS	**116**	136 ～ 165

methods

操作步驟

STEP 1

乳油木果脂先與椰子油加熱融解後，等待降溫到 35°C 以下，備用。

STEP 2

準備好所有材料，量好油脂、氫氧化鈉。

STEP 3

使用純水冰塊，製作鹼水。

STEP 4

等待鹼水降溫至 35°C 以下，即可將鹼水分 2 ～ 3 次慢慢倒入油脂中，開始攪拌 15 ～ 20 分鐘，直到皂液呈現 light trace 狀。

STEP 5

持續攪拌，直到皂液比 light trace 再濃稠一點時，加入精油，繼續攪拌均勻至 trace。

STEP 6

入模保溫，等待 2 天後脫模。

＊ 配方解碼

這款皂質地厚實，整體感覺保濕力比較厚重，適合冬天偏乾性肌膚。**榛果油**具有非常優良的延展性，接觸肌膚時不但溫和舒服，能迅速被吸收，且能幫助受傷肌膚得到重建的效果。**乳油木果脂**有消炎、柔軟肌膚與過濾紫外線的好處，榛果油同樣也具有過濾陽光的效果，減少皮膚發紅引發過敏的機率，兩者一起搭配是很棒的呵護寶貝用油。

孟孟老師小叮嚀

這款配方攪拌過程較久，需要更多耐心與耐力來攪拌皂液，建議讀者在操作這款配方時，前段約 15 ～ 20 分鐘的時間用攪拌棒把皂液混合攪拌均勻，等到些微濃稠時可以換電動攪拌棒加速攪拌，讓皂液更濃稠一點，觀察皂液比 light trace 更濃稠時就換刮刀繼續耐心攪拌，順便把皂液中的空氣刮出來，操作過程中若太用力攪拌，皂液會很容易卡泡。

配方延伸運用

有次，與一位學員討論到**乾性**和**敏感肌**在**夏天**使用手工皂配方的適用性。夏季怕太厚重，又怕清潔力太高，反而洗後讓肌膚太乾，於是產生了以下這款配方，其特色是保濕度較高，質地比較清爽，但是不厚重。學員使用後感覺非常滿意，也很開心的度過肌膚困擾時期，跟大家分享：

配方比例

使用油脂	百分比
椰子油	19%
橄欖油	20%
榛果油	27%
甜杏仁油	19%
葡萄籽油	15%

性質表

性質	數值
硬度	33
清潔力	13
保濕力	64
起泡度	13
穩定度	20
碘價	74
INS 值	135

29. 鴯鶓修護絲瓜水潤皂

功用｜保濕滋潤，多重修護受傷肌

適用｜冬季

☑ 中偏乾性肌

☑ 乾性肌

ingredient

配方比例

			百分比
使用油脂	椰子油	80g	16%
	棕櫚油	100g	20%
	橄欖油	90g	18%
	杏桃核仁油	75g	15%
	乳油木果油	65g	13%
	鴯鶓油	65g	13%
	蓖麻油	25g	5%
	合計	**500g**	
鹼水	氫氧化鈉	68g	
	絲瓜水	136g	
精油	玫瑰天竺葵精油	7g	
	薰衣草精油	4g	
	花梨木精油	4g	
	皂液入模總重	**719g**	

性質表

	數值 （依照性質改變）	建議範圍 （不變）
硬度 Hardness	**37**	29 ～ 54
清潔力 Cleansing	**11**	12 ～ 22
保濕力 Condition	**59**	44 ～ 69
起泡度 Bubbly	**15**	14 ～ 46
穩定度 Creamy	**30**	16 ～ 48
碘價 Iodine	**62**	41 ～ 70
INS 值 INS	**139**	136 ～ 165

methods

操作步驟

STEP 1

準備好所有材料，量好油脂、氫氧化鈉。

STEP 2

使用絲瓜水冰塊製作鹼水。

STEP 3

等待鹼水降溫至 35°C 以下，即可將鹼水分 2 ～ 3 次慢慢倒入油脂中，開始攪拌 15 ～ 20 分鐘，直到皂液呈現 light trace 狀。

STEP 4

持續攪拌，直到皂液比 light trace 再濃稠一點時，加入精油，繼續攪拌均勻至 trace。

STEP 5

入模保溫，等待 2 天後脫模。

＊ 配方解碼

此配方以修護為設計方向，因此選用修護度佳的乳油木果油。**乳油木果油**並非固體脂類，是液體狀，屬於妝品級護膚油，與常用的乳油木果脂相比單價和等級都略高一些，增添了選擇原料的不同樂趣。

鴯鶓油則是較少見於手工皂原料中的動物油之一，屬妝品級油品，單價更高，但保濕力與分子和滲透力非常優良，特別適用於容易龜裂、保濕度不足，或是肌膚底層保水力較差的乾燥肌膚。

使用乳油木果油和鴯鶓油一起搭配，保濕力數值高達 59，清潔力偏低為 11，以符合保濕洗臉配方，在清潔肌膚的同時，更能加強肌膚的修護與保濕。洗感部分因為使用**絲瓜水**製作鹼水，洗起來會有滑溜感，是一款同時具有滋潤、修護、保濕功效的皂款。

GOOD IDEA

生活小妙方

MENG
MENG

這次使用的乳油木果油（右圖上）和鴯鶓油（右圖下）都是屬於妝品級油品，可以安心製作相關保養品，製作成乳液或是面霜是不錯的選擇。

乳液做法請參考孟孟本書 226 ～ 228 頁作品。製成乳液塗抹於身上，讓肌膚直接吸收，更能直接達到修護需求。水相使用上，可以選用玫瑰純露來加強保濕與賦香。

由乳油木果油和鴯鶓油製成的「**乳油木果柔膚修護乳液**」請參考以下配方：

配方比例

使用油脂		百分比
簡易乳化劑或卵磷脂乳化蠟（冷作型）	1.5g	1.5%
鴯鶓油	5g	5%
乳油木果油	5g	5%
玫瑰純露	77.5g	77.5%
玫瑰萃取液	5g	5%
甘油	5g	5%
抗菌劑	1g	1%
	100g	

30. 純淨洋甘菊油萃舒緩皂

功用｜抗老、舒緩，美白又美膚

適用｜☑ 所有肌膚

ingredient

配方比例

			百分比
使用油脂	椰子油	85g	17%
	棕櫚油	110g	22%
	洋甘菊油萃橄欖油	150g	30%
	杏桃核仁油	70g	14%
	澳洲胡桃油	50g	10%
	蓖麻油	25g	5%
	荷荷芭油	10g	2%
	合計	**500g**	
鹼水			
	氫氧化鈉	70g	
	絲瓜水	140g	
精油	佛手柑精油	7g	
	葡萄柚精油	5g	
	薰衣草精油	3g	
	皂液入模總重	**725g**	

性質表

	數值（依照性質改變）	建議範圍（不變）
硬度 Hardness	32	29 ～ 54
清潔力 Cleansing	12	12 ～ 22
保濕力 Condition	61	44 ～ 69
起泡度 Bubbly	16	14 ～ 46
穩定度 Creamy	25	16 ～ 48
碘價 Iodine	66	41 ～ 70
INS 值 INS	137	136 ～ 165

methods

操作步驟

STEP 1

取乾燥洋甘菊 100g，以橄欖油：花草＝5：1 比例置於不鏽鋼鍋中，放入電鍋保溫 8 小時（外鍋不加水）。

STEP 2

待 8 小時後，將洋甘菊花草與油脂分離過濾，取橄欖油備用。

STEP 3

準備好所有材料，量好油脂、氫氧化鈉。

STEP 4

用絲瓜水冰塊製作鹼水。

STEP 5

等待鹼水降溫至 35°C 以下，即可將鹼水分 2 ～ 3 次慢慢倒入油脂中，開始攪拌 15 ～ 20 分鐘，直到皂液呈現 light trace 狀。

STEP 6

持續攪拌，直到皂液比 light trace 再濃稠一點時，加入精油，繼續攪拌均勻至 trace。

STEP 7

入模保溫，等待 2 天後脫模。

✲ 配方解碼

千萬別小看花草對於肌膚的功效，**洋甘菊**抗過敏的功效眾所皆知，運用在護膚品或是清潔用品中，能有效降低過敏肌膚的發炎症狀。

以往利用花草製作手工皂，不外乎利用汁液或是使用浸泡油入皂，2021 年開始流行將花草植物利用**油萃**的方式提煉、萃取功效，有效運用於手工皂中。油萃方法可以變化運用在許多植物原料上，例如：左手香、金盞花、迷迭香、香茅、薄荷等等。

除了利用油萃方式將洋甘菊油萃至橄欖油之外，**杏桃核仁油**與**澳洲胡桃油**對於問題肌膚也都有舒緩與抗敏的功效。配方中搭配的**蓖麻油**，不僅可再稍微提升保濕度，它也是澳洲胡桃油的好朋友，原因在於澳洲胡桃油起泡力差，而蓖麻油起泡力非常好，因此兩者常會在配方中一起搭配喔！

添加少許**荷荷芭油**的主要原因是，可利用它的優質保濕與加強修護，來呵護脆弱的問題肌膚。依孟孟的經驗，荷荷芭油約使用 2 ～ 3% 入皂後皂體最為穩定，提供給讀者們參考。

GOOD IDEA

生活小妙方

MENG MENG

當我們製作出的洋甘菊油萃橄欖油有剩餘時，可以利用此油脂製作「**洋甘菊舒緩膏**」。請參考孟孟《在家做頂級保養品》第 160 頁做法，將其食用橄欖油更換成此配方中的洋甘菊油萃橄欖油，即能延伸運用製成「洋甘菊舒緩膏」。

另一運用作品則是「**洋甘菊護唇膏**」，可參考上書中第 162 頁的「親膚潤澤護唇膏」做法。若讀者想製作此作品，建議**使用食用級橄欖油來進行洋甘菊油萃**，這樣就能直接更換「潤澤護唇膏」的配方步驟，加以取代。

HANDMADE SOAP

MENG
MENG

PART 5

香氛
渲染皂

31. 洋甘菊可可渲染護膚皂

功用——秋冬乾癢敏感的救星

適用——秋冬季

- 乾燥肌
- 敏感肌

ingredient

配方比例

			百分比
使用油脂	椰子油	200g	20%
	棕櫚油	250g	25%
	橄欖油	370g	37%
	米糠油	80g	8%
	乳油木果脂	100g	10%
	合計	**1000g**	
鹼水	氫氧化鈉	146g	
	水量	350g	
精油	羅馬洋甘菊精油	12g	
	橙花精油	12g	
添加物	可可粉	4g	
	皂液入模總重	**1524g**	

技法公開

- 準備工具：面寬不鏽鋼打皂鍋（一大一小）、吐司模、刮刀（輔助用）

這項技法是從小鍋又回到大鍋渲染，所以叫做「回鍋渲」。渲染線條的俐落感完全是由皂液的濃稠度去控制。需掌握幾個重點：

1. 主要必須控制大小兩鍋皂液「已經達到 trace」的濃稠度。
2. 倒入模內的線條也必須靠著好好掌握沖渲的動作，才能讓線條均勻分布在皂模中。如果皂液濃稠度太稀，小鍋渲染後的可可色線條容易與原鍋皂液互相吃色，且不分明。
3. 入模時也很隨興，就全部倒入皂模中，任由皂液自然流動，去推動線條的產生。

當然，這項技法是以讓線條自然流動為原則，因此每次製作出來的手工皂不但無法複製，且都是獨一無二的作品。

methods
操作步驟

STEP 1

乳油木果脂先與椰子油、棕櫚油加熱融解後，等待降溫到35°C以下，備用。

STEP 2

準備好所有材料，量好油脂、氫氧化鈉。

STEP 3

使用純水冰塊製作鹼水。

STEP 4

等待鹼水降溫至35°C以下，即可將鹼水分2～3次慢慢倒入油脂中，開始攪拌10～15分鐘，直到皂液呈現light trace狀。

STEP 5

持續攪拌，直到皂液比light trace再濃稠一點時，加入精油，繼續攪拌。

STEP 6

倒出約200g皂液入小鍋，加入可可粉調色。

STEP 7

將原鍋皂液與小鍋可可皂液都攪拌均勻至trace。

STEP 8

先將可可皂液用沖渲的方式倒入原鍋中。

STEP 9

直接將原鍋皂液倒入皂模中（刮刀可作輔助）。

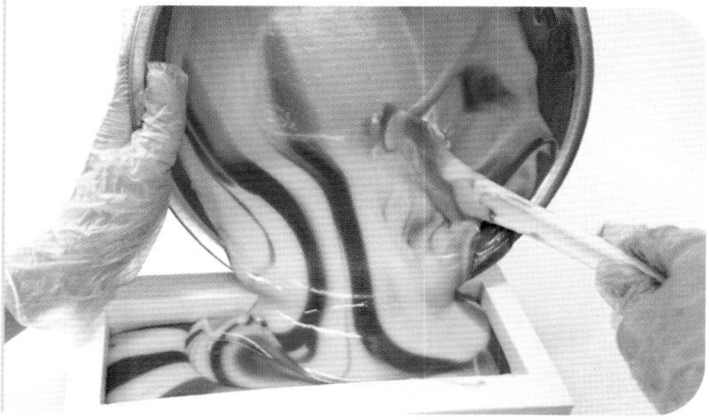

STEP 10

入模保溫，等待2天後脫模。

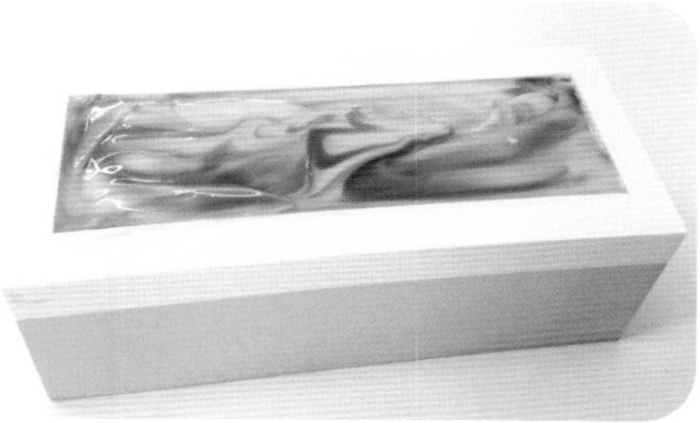

配方解碼

這款是秋冬使用的配方，利用高比例的**橄欖油**和**乳油木果脂**來達到改善秋冬肌膚乾燥的需求。配方使用到乳油木果脂時需要加熱融解，且配方中有搭配**米糠油**，如果使用泰國食用米糠油會加速 trace，所以一定要讓油溫和鹼水溫度降低，給自己更多時間操作皂液，才能優雅的創造出一鍋美皂。不然油鹼開始碰撞後溫度就會升高，一旦加速皂化，會來不及添加精油和粉類。因此若操作此配方在選購米糠油時，請先詢問店家是否會加速皂化喔！

精油挑選羅馬洋甘菊和橙花精油。**羅馬洋甘菊精油**可增加皮膚彈性，非常適合秋冬乾燥發癢的肌膚，搭配**橙花精油**具有加強細胞活動力的特性，對於其他肌膚問題也有幫助，兩者精油相互搭配相輔相成，且皆適用於敏感肌膚，是一組非常契合的組合哦！

配方延伸運用

如果擔心快速皂化，可以參考以下的**夏天**配方，延長操作時間：

配方比例

使用油脂	百分比
椰子油	25%
棕櫚油	20%
橄欖油	30%
甜杏仁油	20%
葵花油	5%

32. 青黛渲染榛果皂

特色——渲染皂初學者最好上手的皂款

適用——夏季

☑ 所有肌膚

ingredient

配方比例

			百分比
使用油脂	椰子油	125g	25%
	棕櫚油	110g	22%
	橄欖油	150g	30%
	榛果油	80g	16%
	蓖麻油	35g	7%
	合計	**500g**	
鹼水	氫氧化鈉	74g	
	水量	177g	
精油	葡萄柚精油	7g	
	依蘭精油	5g	
添加物	青黛粉	1.5g	
	皂液入模總重	**764.5g**	

技法公開

● 準備工具：水管模、厚紙板、投影片、耐熱尖嘴量杯 1 個（至少 300cc）

取得工具最簡單的方式是到水電行購買適合的水管尺寸，這裡使用的是內徑寬 7 公分，高度（長度）20 公分的水管尺寸，剛好可以裝入 500g 的油量，總量約 764g 的皂液量。若想要製作的大小和孟孟不盡相同，以下提供購買時如何挑選水管大小與皂液容量適合性的判斷：

1. 先計算平常製作的總量，這款配方是 764g，無條件進位取 770g。
2. 解圓形體積簡易計算方式＝
半徑 × 半徑 × 3.14 × 高度（長度）。
3. 內徑寬 7 公分，半徑則是 3.5 公分。
4. 所需高度（長度）的計算方式 ＝
770 / (3.5 × 3.5 × 3.14) ＝
770 / 38.465 ＝ 20.018。
5. 請店家切 20 公分高度（長度）、內徑 7 公分的水管。

methods

操作步驟

STEP 1

準備好所有材料，封好管模底部、 套好投影片紙，量好油脂、氫氧化鈉。

STEP 2

使用純水冰塊製作鹼水。

STEP 3

等待鹼水降溫至 35°C 以下，即可將鹼水分 2 ～ 3 次慢慢倒入油脂中，開始攪拌 15 ～ 20 分鐘，直到皂液呈現 light trace 狀。

STEP 4

持續攪拌，直到皂液比 light trace 再濃稠一點時，加入精油，繼續攪拌。

STEP 5

倒出約 150 ～ 170g 皂液入小量杯，加入青黛粉調色。

STEP 6

2 種皂液皆攪拌均勻至 trace。

STEP 7

先將原鍋白色皂液倒入管模中，再將小杯的青黛皂液從中間沖渲。

STEP 8

封好管模後用力左右旋轉，讓裡面的藍色皂液可以擴散。

STEP 9

入模保溫，等待 2 天後脫模。

✲ 配方解碼

利用**蓖麻油**黏稠的特性，讓皂化速度稍微加快一些，操作時間就不會太久，其餘油脂精油和添加物則不適合使用會加速皂化的材料。高比例的**橄欖油**和**榛果油**，是適合敏感肌或乾性肌的油品，使用者反應都不錯！是初學渲染皂者很容易上手且成功率很高的配方。

青黛粉外用於肌膚上，對於消炎與抑制病菌產生都能發揮功效，尤其是常見夏天的皮膚問題，如：濕熱型產生的汗疹、異位性皮膚炎發炎產生的疹類，都有不錯的抑制效果。青黛粉渲染出來的線條是會讓製皂者入迷的顏色，不帶刺激的強烈對比，而有溫暖的視覺享受。

精油部分特意選擇葡萄柚精油和依蘭精油，主要是**葡萄柚精油**具有歡愉和催眠的效果，加上**依蘭精油**同樣具有放鬆神經系統與紓解焦慮、恐慌、恐懼情緒的功能；而葡萄柚屬於高階氣味，依蘭則是中低氣味，又能在整個味覺上達到前中後調的需求，是一款很互補的複方香氛。

依蘭精油的價格比較高，如果沒有依蘭精油，我喜歡另外選擇羅勒精油與葡萄柚精油一起搭配。**羅勒精油**味道清甜帶有淡淡辛香料的味道，具有穩定情緒的優點，入皂後味道清雅淡甜，散發一股優雅的氣息。

33. 乳香黑白精靈皂

特色｜黑與白，回歸最簡單的設計美感

適用｜☑中偏油性肌 ☑中性肌

HANDMADE SOAP
MENG
MENG

ingredient

配方比例

			百分比
使用油脂	棕櫚核仁油	200g	20%
	棕櫚油	220g	22%
	甜杏仁油	330g	33%
	山茶花油	200g	20%
	蓖麻油	50g	5%
	合計	**1000g**	
鹼水	氫氧化鈉	140g	
	水量	336g	
精油	乳香精油	10g	
	玫瑰天竺葵精油	8g	
	薰衣草精油	6g	
添加物	備長炭細粉	4g	
	白色珠光粉	4g	
	皂液入模總重	**1508g**	

技法公開

- 準備工具：耐熱尖嘴量杯 2 個（各約 1000cc、500cc）、面寬吐司模或是 A4 吐司模、刮刀（輔助用）

這項技法同樣是「回鍋渲」的應用，差別在於精準控制皂液濃稠度之餘，過程中還要不斷的觀察皂液流動的速度與入模後的線條流向。

先在「接近 trace」時開始進行調色，兩色都調好後，把黑色皂液倒入白色皂液的量杯中；接著要在黑白色皂液的濃稠度「已經達到 trace」時開始入模，這樣線條才會俐落鮮明。將黑白色皂液慢慢倒入皂模中（可配合刮刀），並且要邊倒邊移動量杯，讓皂液平舖在皂面上，慢慢做出線條；同時，皂液也會越來越濃稠，可留意這過程中的變化，一邊掌握想要的線條流動與渲染表現。

methods

操作步驟

STEP 1

準備好所有材料，融解硬油，量好油脂、氫氧化鈉。

STEP 2

使用純水冰塊製作鹼水。

STEP 3

等待鹼水降溫至 35°C 以下，即可將鹼水分 2 ～ 3 次慢慢倒入油脂中，開始攪拌 15 ～ 20 分鐘，直到皂液呈現 light trace 狀。

STEP 4

持續攪拌，直到皂液比 light trace 再濃稠一點時，加入精油， 繼續攪拌。

STEP 5

當皂液接近 trace 時，準備 2 個量杯：先倒出 700g 至量杯 A 中，添加白色珠光粉調勻；再倒出 300g 至量杯 B 中，添加備長炭細粉調勻。

STEP 6

把黑色皂液倒入白色量杯中，慢慢將量杯中的雙色皂液倒入皂模中（可配合刮刀），邊倒邊隨意移動。

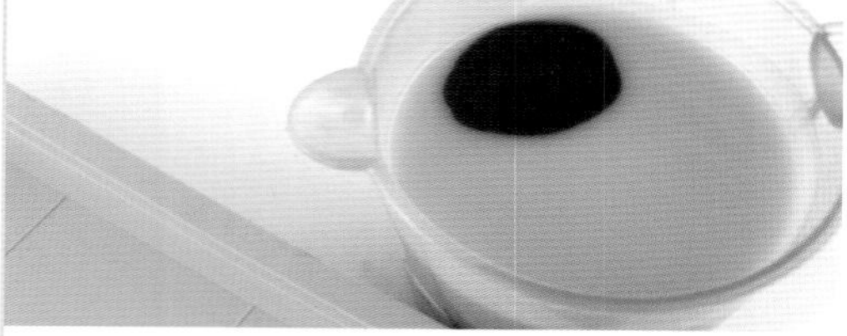

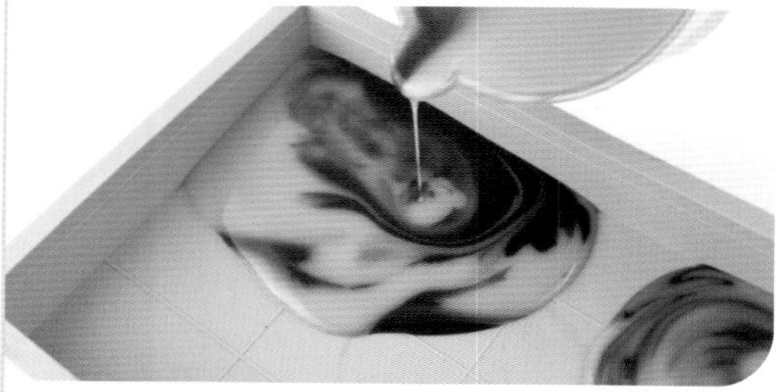

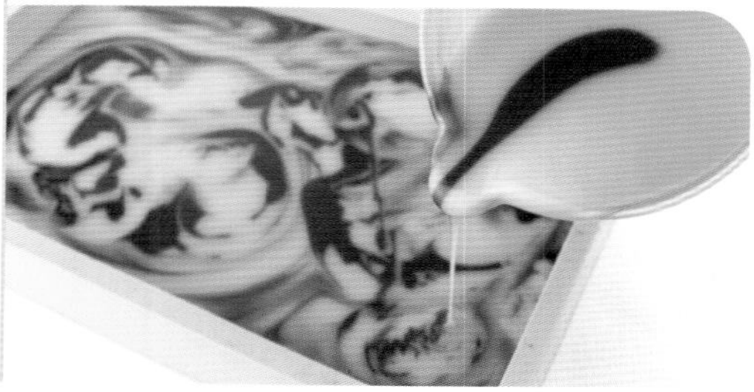

STEP 7

倒完皂液後晃一晃皂模，把表面凹凸不平的皂液稍微輕輕晃平即可。

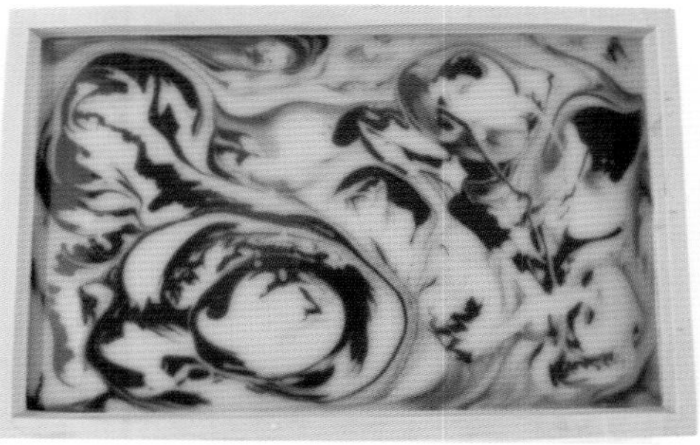

STEP 8

入模保溫，等待 2 天後脫模。

＊ 配方解碼

乳香精油是古老珍貴的神聖香氛，有延緩老化、淡化肌膚細紋的回春效用。具有沉穩有氣質的木質香氣，當這股木質調氣味在鼻腔內擴散，會再漸漸感受到清新不黏膩的淡淡果香味。

備長炭是渲染皂常用的色粉，呈現出來的黑色可以透過原鍋皂液調整為灰色與黑色，是一款很容易上手的色粉。

備長炭的特色是會吸附油脂，即使是油性肌膚或是容易流汗的使用者也都能感受到良好的清潔力；因此，在選擇以備長炭做渲染皂配方時，需要留意降低椰子油的比例，以免使用時過度清潔。在此孟孟建議一款代替椰子油的最佳方案，就是以**棕櫚核仁油**代替椰子油，不但可以維持硬度，又能降低清潔力，輕鬆解決清潔力偏高的困擾。

34. 苦橙檸檬三色草本皂

特色

粉嫩色感×紓壓果香，加倍療癒

適用

所有肌膚

ingredient

配方比例

			百分比
使用油脂	椰子油	115g	23%
	乳油木果脂	125g	25%
	葡萄籽油	60g	12%
	開心果油	50g	10%
	橄欖油	150g	30%
	合計	**500g**	
鹼水	氫氧化鈉	72g	
	水量	172g	
精油	檸檬精油	4g	
	苦橙葉精油	4g	
	薰衣草精油	4g	
添加物	低溫艾草粉	1g	
	白色珠光粉	1g	
	粉色皂粉	0.5g	
	皂液入模總重	**758.5g**	

技法公開

- 準備工具：耐熱尖嘴量杯 3 個（皆至少 300cc）、吐司模、約 2 公分厚度高度的木頭或是書籍（將吐司模傾斜墊高用）

必須觀察且控制皂液的濃稠度，皂液太稀的話顏色會互相吃色，無法確實分明顯色。當皂液的濃稠度到達「接近 trace」時，就準備開始將皂液倒入模中。

此技法要留意的是，在倒皂液時必須沿著吐司模的邊緣倒入，讓皂液順著往下流，千萬不要直接往皂面上沖，會將鋪好的皂面沖破，就無法展現出重疊與線條流動的美感。

methods

操作步驟

STEP 1

乳油木果脂先與椰子油加熱融解後，等待降溫到 35°C 以下，備用。

STEP 2

準備好所有材料，量好油脂、氫氧化鈉。

STEP 3

使用純水冰塊製作鹼水。

STEP 4

等待鹼水降溫至 35°C 以下，即可將鹼水分 2 ～ 3 次慢慢倒入油脂中，開始攪拌 15 ～ 20 分鐘，直到皂液呈現 light trace 狀。

STEP 5

持續攪拌，直到皂液比 light trace 再濃稠一點時，加入精油， 繼續攪拌。

STEP 6

準備 3 個量杯，分別調出粉色、綠色與白色各 180g 皂液。

STEP 7

當皂液接近 trace 時，把皂模傾斜，第一層先少量沿著皂模邊緣緩緩平移，倒入粉色皂液，再倒入第二層白色皂液。

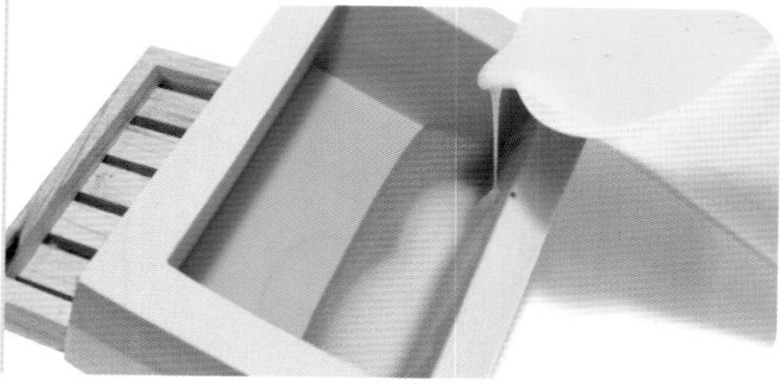

STEP 8

接著分次陸續倒入三色皂液。顏色次序、每次分量都可依個人喜好自由安排，直到倒完三色皂液。

STEP 9

等待皂液稍微更凝固一點後，把皂模放平，再將剩下約 210g 皂液平舖於皂模中。

STEP 10

入模保溫，等待 2 天後脫模。

＊ 配方解碼

一棵橙樹可萃取出三種不同的精油：

1. 苦橙葉精油是來自於橙樹的葉與嫩芽。
2. 可愛的白花萃取出橙花精油。
3. 聞起來清新又強烈的橙精油，則是來自於橙樹水果的果皮。

苦橙葉精油出屬於中板以上的分類，我喜歡它具有木質與花香的複合香味，尾段的持續力也很強。

本款皂方中用苦橙葉搭配屬於高板的**檸檬精油**， 帶著新鮮又強勁的果香味，混著**薰衣草**的清澈花香；三款調配出來的複方精油能有效緩和緊張的情緒，尤其是放鬆長時間工作緊張而造成的情緒緊繃。藉由沐浴時進行芳療級的享受，可達到心靈上的舒緩。

35. 鼠尾草舒緩木紋皂

HANDMADE SOAP
MENG MENG

功用｜舒緩肌膚問題，消除壓力

適用｜

- ✓ 中性肌
- ✓ 中偏乾性肌

ingredient

配方比例

			百分比
使用油脂	椰子油	126g	18%
	棕櫚油	140g	20%
	甜杏仁油	329g	47%
	精製乳油木果脂	105g	15%
	合計	**700g**	
鹼水	氫氧化鈉	102g	
	水量	245g	
精油	快樂鼠尾草精油	12g	
	薰衣草精油	9g	
	紫色色粉	4g	
添加物	白色珠光粉	6g	
	皂液入模總重	**1078g**	

技法公開

- 準備工具：耐熱尖嘴量杯 3 個（1 個約 1000cc、2 個約 500cc）、筷子、吐司模

掌握此技法的要點在於，濃稠度要在「接近 trace」時就開始調色，如果皂液一開始就太濃稠的話，線條會跑不動。

入模時讓皂液沿著皂模邊緣慢慢倒入，利用皂液的自行堆疊，一層一層去推擠出線條。過程中皂液會慢慢變濃，如果皂液太稀容易彼此吃色，色彩的漸層效果就不太明顯。

methods

操作步驟

STEP 1

準備好所有材料，量好油脂、氫氧化鈉。

STEP 2

使用純水冰塊製作鹼水。

STEP 3

等待鹼水降溫至 35°C 以下，即可將鹼水分 2 ～ 3 次慢慢倒入油脂中，開始攪拌 15 ～ 20 分鐘，直到皂液呈現 light trace 狀。

STEP 4

繼續攪拌，直到皂液比 light trace 再濃稠一點時，加入精油，繼續攪拌均勻。

STEP 5

當皂液接近 trace 時，準備 3 個量杯：倒出 600g 至量杯 A 中，添加白色珠光粉調勻；倒出 200g 至量杯 B 中，添加 2.5g 紫色色粉調勻；倒出 200g 至量杯 C 中，添加 1.5g 紫色色粉調勻。

STEP 6

第一層先少量沿著皂模邊緣緩緩平移，倒入紫色皂液，再倒入第二層白色皂液，接著第三層淡紫色皂液，第四層又是白色皂液；紫色深淺次序變化可依個人喜好，重點在於無論紫色深淺，在每層之間都要有白色皂液。

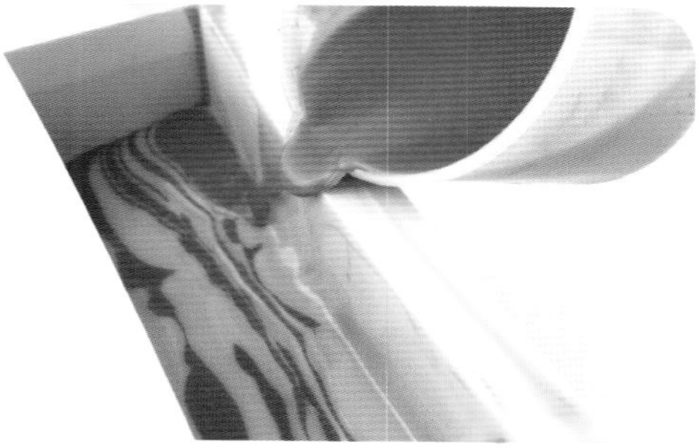

STEP 7

陸續倒入皂液到接近滿模時，使用筷子沿著顏色線條平行畫過。

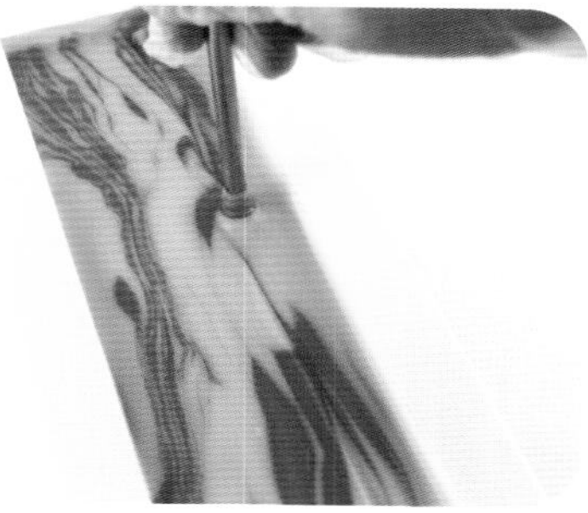

STEP 8

來回一趟畫完後即入模保溫，等待 2 天後脫模。

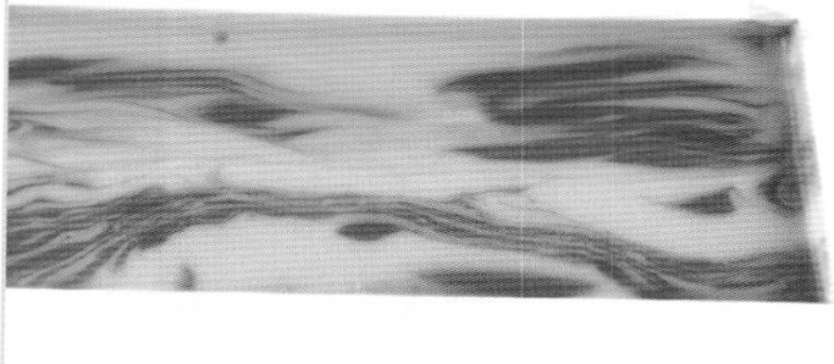

＊ 配方解碼

快樂鼠尾草精油不但對於毛髮的生長有益處，常運用在洗髮皂中；且能平衡皮脂過度分泌的油脂，有利於鎮定發炎的肌膚；同時還具有舒緩焦慮與緊張的效果，能淨化和沉澱心靈。

快樂鼠尾草精油加入手工皂中的味道也很持久，不會一下子就揮發掉，而且氣味溫暖、豐富有層次。這樣的氣味，再跟**薰衣草精油**一起做成安撫神經的複方精油，可發展出甜甜的淡香味。使用該手工皂時，透過水氣能令人嗅聞到淡淡甜美香氣，沐浴的同時也達到舒緩一天疲憊身心的效果，是我很推薦的搭配之一。

36. 薰衣草圓周渲染皂

功用——平撫情緒，安定心情

適用——
- 中性肌
- 中偏乾性肌

ingredient

配方比例

			百分比
使用油脂	椰子油	140g	20%
	棕櫚油	175g	25%
	甜杏仁油	280g	40%
	芥花油	70g	10%
	可可脂	35g	5%
	合計	**700g**	
鹼水	氫氧化鈉	103g	
	水量	247g	
精油	廣藿香精油	12g	
	薰衣草精油	10g	
添加物	白色珠光粉	5g	
	藍色色粉	3g	
	紫色色粉	3g	
	皂液入模總重	**1083g**	

技法公開

- 準備工具：吐司模、耐熱尖嘴量杯 3 個（1 個約 1000cc、2 個約 500cc）

不同的方向就有不同的線條，這就是圓周率圖案的產生。

之前技法曾說明過從側邊依序倒入皂液產生堆疊的方式，而這款圓形線條是從皂模直角角落倒入皂液，每次都只從角落定點倒入，並且是利用兩處對角，輪流倒入有色皂液，慢慢推擠出同心圓般的線條；在經過 2 ～ 3 次循環後，會呈現出有序又不失變化的美麗弧線。

methods

操作步驟

STEP 1

準備好所有材料，融解硬油，量好油脂、氫氧化鈉。

STEP 2

使用純水冰塊製作鹼水。

STEP 3

等待鹼水與溫至 35˚C 以下，即可將鹼水分 2 ～ 3 次慢慢倒入油脂中，開始慢慢攪拌 10 ～ 15 分鐘，直到皂液呈現 light trace 狀。

STEP 4

繼續攪拌，直到皂液比 light trace 再濃稠一點時，加入精油， 繼續攪拌均勻。

STEP 5

當皂液接近 trace 時，準備 3 個量杯：倒出 600g 至量杯 A 中，添加白色珠光粉調勻；倒出 200g 至量杯 B 中，添加藍色色粉調勻；倒出 200g 至量杯 C 中，添加紫色色粉調勻。

STEP 6

選擇皂模中的某一組對角角落，開始 2 處定點輪流、依序倒入三種皂液，關鍵前提是：藍、紫兩色之間一定要用白色皂液區分開來，此外顏色次序、每次分量都可依個人喜好安排。一定要在 2 個角落輪流倒入皂液，才能確保整體皂液面高度的平均一致。

STEP 7

倒完後即入模保溫，等待 2 天後脫模。

顏色搭配建議

製作該款渲染皂的顏色選擇，較不容易出錯的搭配可參考以下幾種：

1. 黑色、灰色、黃色
2. 藍色、綠色、白色
3. 紅色、粉色、淡藍色
4. 紫色、紅色、白色

選擇顏色的訣竅在於，以一個深色、一個淺色為主。決定好兩個主要深淺色後，建議再搭配白色或接近白色的淡色），能令整體皂面感覺乾淨清爽。若顏色太多，容易因過於繁雜而失去重點，感到視覺疲勞。

37. 紛虹藿香皂

功用｜平撫情緒，安定心情

適用｜所有肌膚

ingredient

配方比例

			百分比
使用油脂	椰子油	100g	20%
	棕櫚油	125g	25%
	甜杏仁油	125g	25%
	橄欖油	150g	30%
	合計	**500g**	
鹼水	氫氧化鈉	74g	
	水量	177g	
精油	廣藿香精油	4g	
	薰衣草精油	5g	
	快速皂化 香精 / 精油	2g	
添加物	彩虹分層皂條	120g	
	皂液入模總重	**882g**	

技法公開

這款設計是利用皂中皂的做法。為了不讓底層皂液太軟，導致彩虹皂條歪斜亂跑，訣竅是：底層皂液需先用加速皂化的香精或精油讓它變硬，這樣一來彩虹皂條馬上舖上去也仍然會很穩固。

操作到這步驟後，可以先稍微等待一下，除了讓剩餘白色皂液再濃稠一點之外，也能讓彩虹皂條跟底下皂液黏結更穩固，才不會在最上層的皂液入模時，一不小心又讓皂條歪斜了。

methods

操作步驟

STEP 1

把《超想學會的手工皂》一書中第 125 頁的彩虹分層作品薄切厚度為 1 公分，約 2 ～ 3 片，備用。

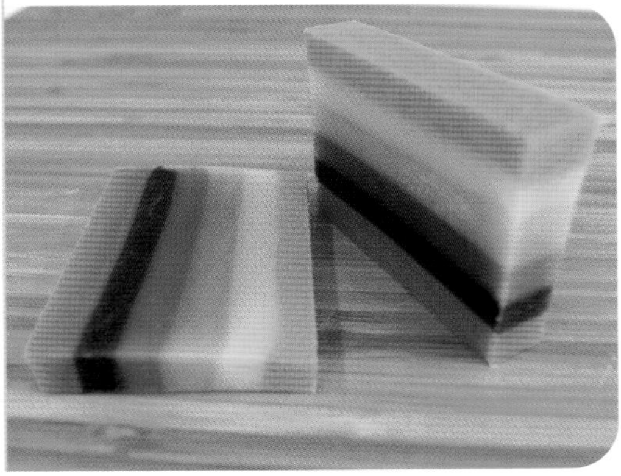

STEP 2

準備好所有材料，量好油脂、氫氧化鈉。

STEP 3

使用純水冰塊製作鹼水。

STEP 4

等待鹼水降溫至 35°C 以下，即可將鹼水分 2 ～ 3 次慢慢倒入油脂中，開始攪拌 15 ～ 20 分鐘，直到皂液呈現 light trace 狀。

STEP 5

持續攪拌，直到皂液比 light trace 再濃稠一點時，先加入薰衣草精油和廣藿香精油，繼續攪拌均勻至 trace。

STEP 6

先取出約 500g 皂液，加入 2g 快速皂化香精 / 精油，攪拌均勻後入模。

STEP 7

約等待 5 分鐘，確定入模的皂液表面變硬後，依序舖上皂片 (條)。

STEP 8

把剩餘皂液倒入皂模中。

STEP 9

入模保溫，等待 2 天後脫模。

HANDMADE SOAP

MENG
MENG

PART 6

生活手作保養品

一・DIY 保養品優勢與概念

市面上的保養品琳瑯滿目，到底哪一瓶適合自己？往往我們在不了解自己肌膚的情況下，會請專櫃或是販售人員為自己解答；但其實，最了解自己膚質的人終究還是自己啊！

手作 DIY 保養品的優勢概念與手工皂相似，不僅加進去的原料一清二楚，進一步了解自己的膚質時，可以依照需求為自己調配保養品，相對使用也是很安心的。最大的優點是，可以節省許多金錢成本，與得到更優良的有效機能成分。

DIY 保養品保存期限皆不長，一次大約製作 100g 夠用就好，量太多，怕還沒用完就過期。

二·DIY 保養品基本工具 & 製前注意事項

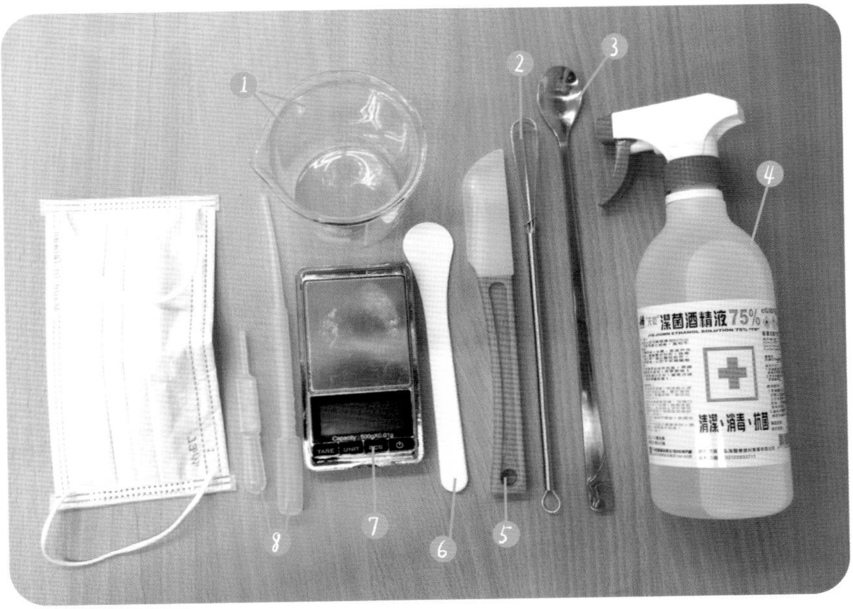

1. 燒杯
2. 攪拌棒
3. 長柄湯匙
4. 消毒酒精
5. 小刮刀
6. 小挖棒
7. 微量秤
8. 滴管
9. 不鏽鋼小鍋子
10. 裝瓶用器與瓶裝容器

製前基本注意事項：

- 雙手消毒
- 工具、容器消毒
- 桌面保持乾燥、乾淨
- 製作時可戴上口罩，避免飛沫入作品中
- 注意保存環境條件與使用期限

38. 葡萄籽溫和卸妝油

功用——四季都可用，高貴不貴的好油

適用——☑ 所有肌膚

ingredient

配方比例

			百分比
原料	甜杏仁油	40g	40%
	葡萄籽油	45g	45%
	透明乳化劑	15g	15%
	合計	**100g**	

⚠ 請於 1 個月內使用完畢

methods

操作步驟

STEP 1

使用酒精消毒容器、工具與雙手。

STEP 2

依序倒入甜杏仁油 40g、葡萄籽油 45g、透明乳化劑 15g 於燒杯中。用攪拌棒攪拌均勻。

STEP 3

裝瓶，完成。

使用方法

① 手部與臉部需要保持乾燥。
② 取足量的卸妝油輕輕拍沾全臉、甚至脖子，注意不是用「塗 十 擦」的動作。
③ 約等 1 分鐘，先產生溶離的效果，但是不能等到乾掉。
④ 用手沾取清水，像洗臉一樣輕輕搓洗，直到產生白色卸妝油（如下圖）。

⑤ 直接用水洗淨，不需要用化妝棉擦拭。

配方解碼

手工皂用油中許多油品都可以製作卸妝油，只要購買一小瓶約 50ml 的透明乳化劑，就可以搭配手工皂用油來設計屬於自己膚質的專屬卸妝油。

市面上**常見乳化劑**有幾種，用途也有所不同，以下分別介紹，希望大家購買時別搞混了：

乳化劑種類

原料名稱	用途
透明乳化劑	製作卸妝油
簡易乳化劑	製作乳液
精油乳化劑	結合精油與水

Q：如何購買透明乳化劑？
A：許多皂用材料店或是原料專售店均有售。

| 小叮嚀 |

每款品牌的透明乳化劑都有其適合的添加百分比，購買時請特別留意透明乳化劑與油脂的製作比例。

配方延伸運用

春季配方

配方比例 原料	百分比
甜杏仁油	85%
透明乳化劑	15%

油品說明：甜杏仁油有極佳的親膚性，除了適合所有膚質，也是一年四季高貴不貴的好油。乍暖還寒的春天有時氣溫較低，有時也會出現夏天的熱度，此時選用甜杏仁油做為卸妝的基底油，能供應肌膚水分，也能有無負擔的滋潤感。

夏季配方

配方比例 原料	百分比
葡萄籽油	85%
透明乳化劑	15%

油品說明：炎熱的夏天，氣溫上升，身體汗腺分泌旺盛，相對臉部也更易冒汗出油。使用葡萄籽油為基底油，是以清爽不油膩為主要訴求。

秋季配方

配方比例 原料	百分比
澳洲胡桃油	45%
甜杏仁油	40%
透明乳化劑	15%

油品說明：在肌膚問題好發的秋季，舉凡過敏、乾燥、脫皮、乾癢等，皆令人困擾不已。在這樣涼爽卻容易過敏的季節，挑選可抗過敏又具滋養、溫和、保水的澳洲胡桃油為基底油，是最適合不過了。再搭配甜杏仁油，絕對可以給缺水的肌膚多一層滋潤與呵護。

冬季配方

配方比例 原料	百分比
橄欖油	85%
透明乳化劑	15%

油品說明：在冷颼颼的冬季，肌膚最大的困擾就是乾燥了，嚴重一點會乾癢脫皮，孟孟就曾因此困擾不已。想照顧冬天的肌膚，選擇保濕力高的油品做為基底配方油，是不可忽略的重點。首選自然是橄欖油，它除了價格親民，又有足夠的保濕度。

39. 美白抗敏潔顏慕斯

功用

泡沫細密親膚，温和清潔不刺激

適用

所有肌膚

ingredient

配方比例

			百分比
原料	氨基酸起泡劑	30g	30%
	金縷梅萃取液	10g	10%
	植物性甘油	5g	5%
	薰衣草純露	30g	30%
	玫瑰純露	25g	25%
	合計	**100g**	

⚠ 請於 1 個月內使用完畢

使用方法

卸妝後按壓慕斯瓶產生泡沫，輕輕塗抹臉上稍微按壓，讓萃取液和養分可以滲透到皮膚毛孔裡，令其中的有效機能成分充分發揮作用，再輕輕按摩搓洗後，直接用水洗淨。

methods

操作步驟

STEP 1

使用酒精消毒容器、工具與雙手。

STEP 2

先倒入起泡劑，再將其他倒入配方原料於燒杯中。

STEP 3

用攪拌棒攪拌均勻。

STEP 4

裝瓶，完成。

＊ 配方解碼

純露是從精油蒸餾出來的水溶性化合物，是 DIY 手作裡面很受歡迎的基底水相代表物。使用純露的優點是，適合各種同膚質的讀者，擁有精油的香氣卻溫和不刺激。許多有特殊需求或是追求等級較高的皂款，也會使用純露融臉。在這裡使用手邊的純露和溫和型的**氨基酸起泡劑**，就能做出溫和的潔顏慕斯喔！

甘油是一種保濕劑，保濕能力相當好，但是不能加太多，如果比例太高會讓肌膚感到黏膩，添加 5% 的比例是最適合的。

原理解說

1. 泡沫原理：小而細緻

液態起泡劑經過慕斯頭加壓後，通過一層篩網而產生出來的泡沫，細緻程度遠高於用手直接搓出來的效果。潔顏慕斯在最近的保養品 DIY 中迅速且得到手作者的喜愛，主要原因是：

① 泡沫細緻，能夠徹底進入毛孔達到潔淨皮膚的效果。

② 直接起泡，不需擔心潔顏用品直接接觸肌膚造成起泡不完全，導致殘留臉部。

2. 科學原理：壓力

最大的重點是在於慕斯頭，要角是：活塞與篩網。
進入中空管的液體與空氣經過擠壓產生較大的泡沫，大泡泡又經過最重要的篩網，才形成這麼微小細緻的小泡泡。使用過程其實就是活塞的作用，如果沒有最重要的慕斯頭，那就是等同一般的液體皂了。

40. 油脂平衡潔淨面膜泥

功用——去除多餘油脂，完美維持油水平衡

適用——

- ☑ 油性肌
- ☑ 中偏油性肌

ingredient

配方比例

			百分比
原料	迷迭香純露	21g	21%
	蘆薈膠	60g	60%
	大堡礁深海泥	10g	10%
	金縷梅萃取液	3g	3%
	甘油	5g	5%
	抗菌劑	1g	1%
	合計	**100g**	

⚠ 請於 1 個月內使用完畢

使用方法

這幾年疫情肆虐，戴口罩已成為外出必備，因為口罩遮蔽口鼻，造成正常分泌油脂的肌膚悶得濕熱，易引發痘痘粉刺滋生。回到家除了一般清潔之外，可敷面膜 15 分鐘來收斂毛孔、降低痘痘生長，是效率很高的清潔保養流程。一般建議使用 2 ～ 3 次。

methods

操作步驟

STEP 1

使用酒精消毒容器、工具與雙手。

STEP 2

先將純露倒入 A 燒杯中，再加入蘆薈膠與大堡礁深海泥，攪拌均匀。

STEP 3

將金縷梅萃取液＋甘油裝入 B 燒杯中，攪拌均匀。

STEP 4

把 B 倒入 A 燒杯，攪拌均匀，再加入抗菌劑。

STEP 5

裝瓶，完成。

✻ 配方解碼

大堡礁深海泥本身適用於清潔配方，且具有抑制粉刺與亮白肌膚之功效，同時也具有保濕的功能，搭配金縷梅萃取液，對於油性肌膚的人來說是絕配的組合。**金縷梅萃取液**適用於粗大毛孔或容易發炎肌膚，常用於收斂與對抗刺激的原料，兩者製成面膜泥，可透過**蘆薈膠**的修護與鎮定效果，在敷完臉後達到油水平衡。

GOOD IDEA

生活小妙方

MENG MENG

與大堡礁深海泥類似的原料有聖海倫火山泥與加拿大冰河泥，這三款都能在相關原料店購得。三款面膜泥乍看相同，細細了解後其實都有差異，以下為讀者釋疑：

① 大堡礁深海泥：適合痘痘粉刺肌膚。可提高肌膚保濕功能。

② 聖海倫火山泥：適合痘痘粉刺肌膚。可明亮膚質，適合熬夜者。

③ 加拿大冰河泥：去除老化角質，收斂毛孔。

在配方中可以用聖海倫火山泥或加拿大冰河泥代替大堡礁深海泥，使用量相同，不須特別增減。

若想簡化配方，且效能接近，可參考以下運用配方：

配方比例			百分比
	絲瓜水	24g	24%
	蘆薈膠	60g	60%
	大堡礁深海泥	10g	10%
	薏仁萃取液	5g	5%
	抗菌劑	1g	1%
		100g	

41. 香蜂草蘆薈水凝凍膜

HANDMADE SOAP
MENG MENG

功用——令肌膚水嫩有彈性

適用——所有肌膚

ingredient

配方比例

			百分比
原料	蘆薈膠	70g	70%
	香蜂草純露	15g	15%
	綠茶萃取液	7g	7%
	蘆薈萃取液	7g	7%
	抗菌劑	1g	1%
	合計	**100g**	

⚠ 完成作品後室溫保存，放置陰涼處。
請於 1 個月內使用完畢

使用方法

清潔臉部後，厚敷於臉部或是曬後肌膚上，等待約 15 分鐘後用清水沖洗乾淨，再進行一般保養程序。一週建議使用 3～4 次。

methods

操作步驟

STEP 1

使用酒精消毒容器、工具與燒杯。

STEP 2

用挖棒將蘆薈膠放入燒杯中。

STEP 3

倒入純露、綠茶萃取液和蘆薈萃取液。

STEP 4

用挖棒攪拌均勻，再加入抗菌劑。

STEP 5

裝瓶，完成。

✻ 配方解碼

凝膠狀的凍膜，可直接使用在臉部肌膚上，比起使用面膜紙更能被肌膚吸收，且更不浪費。此配方又能直接當作曬後護膚面膜膠，是實用性很高、用途很廣的保養品。

把**蘆薈膠**調稀一點，就變成舒緩肌膚補充水分的凍膜，調整的濃稠度可以依照自己的喜歡增加或減少水相(純露)。配方中以**蘆薈萃取液**的功能為主軸，再搭配**香蜂草純露**，主要是有舒緩、抗過敏功效，也帶有令人放鬆舒緩的芳香氣息。

42. 天竺葵去角質凝膠

功用｜代謝角質，讓肌膚清爽呼吸

適用｜夏季

- 油性肌
- 中偏油性肌

ingredient

配方比例

			百分比
原料	玫瑰天竺葵純露	29.5g	29.5%
	蘆薈膠	60g	60%
	杏桃核仁顆粒	0.5g	0.5%
	薰衣草萃取液	4g	4%
	甘油	5g	5%
	抗菌劑	1g	1%
	合計	**100g**	

⚠ 完成作品後室溫保存，放置陰涼處。
請於 1 個月內使用完畢

使用方法

肌膚除了正常代謝之外，平常所塗抹的相關保養品如乳液或面霜，都是停留在肌膚上，因此適時的去角質更能促進肌膚代謝，加速保養吸收效能。去角質凝膠的使用頻率大約是一週 2 次。使用該保養品時，可以在搓揉完皮膚後，讓它在皮膚上停留數分鐘，多多吸收，讓原料的保濕與修復功效達到最佳發揮。

methods

操作步驟

STEP 1

使用酒精消毒容器、工具與雙手。

STEP 2

先將純露倒入 A 燒杯中，再加入蘆薈膠與杏桃核仁顆粒，攪拌均勻。

STEP 3

將薰衣草萃取液＋甘油裝入 B 燒杯中，攪拌均勻。

STEP 4

把 B 倒入 A 燒杯，攪拌均勻，再加入抗菌劑。

STEP 5

裝瓶，完成。

✻ 配方解碼

在原料搭配選擇上，以舒緩與恢復肌膚彈性為主要訴求。特地選用**玫瑰天竺葵純露**，主要因該純露任何肌膚性質都可使用，不但能保濕，又能在去角質的同時讓肌膚得到收斂、消炎與鎮定的效果。

薰衣草萃取液也具有收斂的效果喔！在使用杏桃核仁顆粒搓揉摩擦臉部肌膚時，可輔助降低發炎症狀又能幫助細胞組織再生，恢復彈性。配方中的**甘油**同時也協助加強肌膚補水保濕功能。

該配方是以敷臉的凍膜所做的延伸運用，在配方中增添**杏桃核仁顆粒**，以去除老化角質，又能同時保養。簡單來說，杏桃核仁顆粒是本作品的重點功效原料，當配方中不添加杏桃核仁顆粒時，則成為簡單的蘆薈凍膜，具有鎮定、保濕、修復功效；維持原來配方，凍膜就變成去角質凝膠。僅僅增減一個原料，就可改變其功效，是不是很有趣呢？

43. 玫瑰保濕化妝水

功用——美白保濕，全方位潤澤肌膚

適用——所有肌膚

ingredient

配方比例

			百分比
原料	玫瑰純露	90g	90%
	植物性甘油	4g	4%
	甘草萃取液	5g	5%
	抗菌劑	1g	1%
	合計	**100g**	

⚠ 請於 1 個月內使用完畢

使用方法

清潔臉部後，輕拍於臉部肌膚上，眼部周圍可以用指腹輕拍作加強，促進血液循環與滋潤保養，減少眼部皺紋產生。

methods

操作步驟

STEP 1

使用酒精消毒容器、工具與雙手。

STEP 2

先將前三項配方原料倒入燒杯中。

STEP 3

用攪拌棒攪拌均勻，再加入抗菌劑。

STEP 4

裝瓶，完成。

＊ 配方解碼

化妝水是由 87 ～ 93% 高比例水分組成的保養品，因此必須添加**抗菌劑**才能延長保存。比例最高的水分則選擇**玫瑰純露**，因它具有極佳保濕度，可增加肌膚水分，還兼具美白作用。

而在化妝水配方比例中，功效顯著的機能成分就是萃取液，添加比例為 3 ～ 7% 皆可。**甘草萃取液**可緩和肌膚的不適，又能降低外在因素所造成的過敏，是一款低價又好用的萃取液。此外，使用**甘油**就能輕易達到保濕效果，若有玻尿酸原液，可代替甘油，添加 4 ～ 5% 作為保濕劑。

44. 細緻毛孔噴霧保濕液

功用——隨時為肌膚解渴，舒緩悶熱不適

適用——所有肌膚

ingredient

配方比例

			百分比
原料	迷迭香純露	50g	50%
	薰衣草純露	37g	37%
	小分子玻尿酸	5g	5%
	白芷萃取液	2g	2%
	川芎萃取液	2g	2%
	甘油	3g	3%
	抗菌劑	1g	1%
	合計	**100g**	

⚠ 請於 1 個月內使用完畢

使用方法

該配方可以當作隨身噴霧，又能當作收斂化妝水使用。現在外出都必須戴口罩做好防疫，臉部卻因戴口罩而悶熱，因此痘痘、粉刺、毛孔粗大都來了；在偶爾休息、拿下口罩時，就可噴上噴霧保濕液，稍微舒緩悶熱的肌膚。此外，該配方也可以當成是油性肌、中偏油性肌的化妝水，在悶熱的夏季，油性與中油性肌膚亦可每週濕敷 1 ～ 2 次，加強收斂濕敷。

methods

操作步驟

STEP 1

使用酒精消毒容器、工具與雙手。

STEP 2

先將純露都倒入 A 燒杯中，再加入小分子玻尿酸，攪拌均勻。

STEP 3

將白芷萃取液＋川芎萃取液＋甘油裝入 B 燒杯中，攪拌均勻。

STEP 4

把 B 倒入 A 燒杯，攪拌均勻，再加入抗菌劑。

STEP 5

裝瓶，完成。

✻ 配方解碼

該配方屬於收斂毛孔型。**白芷萃取液**可以促進皮膚新陳代謝，**川芎萃取液**則有收斂舒緩與去除粉刺的功效，加上**迷迭香純露**能幫助肌膚平衡油脂，**薰衣草純露**具舒緩功效，多方原料加強下，對悶熱的肌膚來說，收斂舒緩的功能更為優越。

GOOD IDEA

生活小妙方

MENG MENG

若讀者手邊沒有多款純露可搭配，只選擇此配方中單一款純露使用 87g 做基底水量也可以。萃取液也可只選擇其一添加使用。

此外，偏油性肌膚的朋友可以在此配方中減少甘油的添加量。以下簡易配方提供給讀者們參考：

配方比例		百分比
迷迭香純露	88g	88%
小分子玻尿酸	5g	5%
川芎萃取液	4g	4%
甘油	2g	2%
抗菌劑	1g	1%
	100g	

45. 多重保濕胜肽機能乳液

HANDMADE SOAP
MENG MENG

功用——高效鎖水，肌膚清爽又柔嫩

適用——☑所有肌膚

ingredient

配方比例

			百分比
原料	簡易乳化劑	1g	1%
	甜杏仁油	8g	8%
	薰衣草純露	78g	78%
	海藻多重保濕因子	5g	5%
	四胜肽原液	2g	2%
	甘油	5g	5%
	抗菌劑	1g	1%
	合計	**100g**	

⚠ 請於 1 個月內使用完畢

使用方法

清潔臉部後，先使用化妝水再擦上乳液，利用化妝水當引導體，將乳液的營養與功能往肌膚深層傳送，既能鎖住肌膚的水分，又能提高肌膚保濕度。

methods

操作步驟

STEP 1

使用酒精消毒容器、工具與雙手。

STEP 2

將簡易乳化劑與甜杏仁油依序倒入燒杯中，攪拌均勻。

STEP 3

倒入純露 50g，與燒杯中的油相再次攪拌均勻，攪拌至呈現乳液狀。

STEP 4

滴入海藻多重保濕因子、四胜肽原液、甘油與抗菌劑，攪拌均勻。

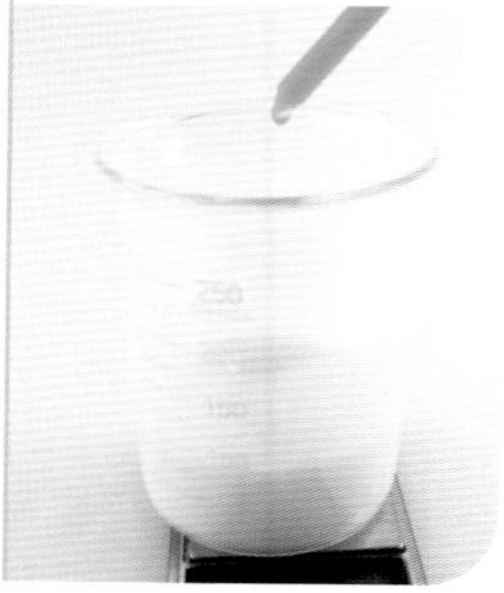

STEP 5

再倒入純露 28g，攪拌均勻。

STEP 6

裝瓶，完成。

＊ 配方解碼

即使是夏天或是皮膚油脂分泌較高的油性肌膚，也都需要乳液來保持肌膚的水分與提供營養。乳液是一種蜜類的保養品，是利用水包油的做法，把油脂中的相關營養和有效萃取液給包覆住，為肌膚提供水分與養分，加以滋潤。因此，這款作品的學習重點是：學習調整水量與油量。

添加海藻多重保濕因子與四胜肽原液，也就是希望藉由乳液的包覆性，適當給予肌膚營養與有效功能。特別是**海藻多重保濕因子**，有高度保濕的功效，可防止肌膚老化，適合正在發炎中的肌膚使用，是敏感肌也能使用的原料。搭配使用的**四胜肽原液**，則具有增加肌膚彈性、改善細紋與加強肌膚柔嫩的功效。

孟孟的好好用安心皂方（加量升級版）

活用中藥、食材、香氛做手工皂，45 款呵護肌膚的溫柔提案

作者　孟孟

副社長　陳瀅如
總編輯　戴偉傑
主編　李佩璇
封面設計　卷里工作室
內頁編排　卷里工作室
行銷企劃　陳雅雯

出版　木馬文化事業股份有限公司
發行　遠足文化事業股份有限公司（讀書共和國出版集團）
地址　231 新北市新店區民權路 108-4 號 8 樓
電話　(02)2218-1417
傳真　(02)2218-0727
Email　service@bookrep.com.tw
郵撥帳號　19588272 木馬文化事業股份有限公司
客服專線　0800-221-029
法律顧問　華洋法律事務所　蘇文生律師
印刷　凱林彩印股份有限公司

初版　2015 年 10 月
二版　2022 年 06 月
二版2刷　2024 年 02 月
定價　480 元
ISBN　978-626-314-196-4　（平裝）

國家圖書館出版品預行編目 (CIP) 資料

孟孟的好好用安心皂方 ： 活用中藥、食材、香氛做手工皂 ,45 款呵護肌膚的溫柔提案 / 孟孟著 . -- 二版 . -- 新北市 ： 木馬文化事業股份有限公司出版 ： 遠足文化事業股份有限公司發行 , 2022.06
232　面 ; 18.5 × 22.5 公分
ISBN 978-626-314-196-4(平裝)

1.CST ： 肥皂

466.4　　111006387